简明的
TensorFlow 2

李锡涵 李卓桓 朱金鹏 ————著

人民邮电出版社
北　京

图书在版编目（ＣＩＰ）数据

简明的TensorFlow 2 / 李锡涵，李卓桓，朱金鹏著.
-- 北京：人民邮电出版社，2020.9（2023.4重印）
（图灵原创）
ISBN 978-7-115-54668-5

Ⅰ. ①简… Ⅱ. ①李… ②李… ③朱… Ⅲ. ①人工智
能－算法 Ⅳ. ①TP18

中国版本图书馆CIP数据核字(2020)第150846号

内 容 提 要

  本书围绕 TensorFlow 2 的概念和功能展开介绍，旨在以"即时执行"视角帮助读者快速入门 TensorFlow。本书共分 5 篇：基础篇首先介绍了 TensorFlow 的安装配置和基本概念，然后以深度学习中常用的卷积神经网络、循环神经网络等网络结构为例，介绍了使用 TensorFlow 建立和训练模型的方式，最后介绍了 TensorFlow 中常用模块的使用方法；部署篇介绍了在服务器、嵌入式设备和浏览器等平台部署 TensorFlow 模型的方法；大规模训练篇介绍了在 TensorFlow 中进行分布式训练和使用 TPU 训练的方法；扩展篇介绍了多种 TensorFlow 生态系统内的常用及前沿工具；高级篇则为进阶开发者介绍了 TensorFlow 程序开发的更多深入细节及技巧。

  本书适合有一定机器学习或深度学习基础，希望使用 TensorFlow 进行模型建立与训练的学生和研究者，以及希望将 TensorFlow 模型部署到实际环境中的开发者和工程师阅读。

◆ 著　　　　李锡涵　　李卓桓　　朱金鹏
  责任编辑　王军花
  责任印制　周昇亮

◆ 人民邮电出版社出版发行　　北京市丰台区成寿寺路11号
  邮编　100164　电子邮件　315@ptpress.com.cn
  网址　https://www.ptpress.com.cn
  北京九州迅驰传媒文化有限公司印刷

◆ 开本：800×1000　1/16
  印张：14.75　　　　　　　2020年9月第1版
  字数：348千字　　　　　　2023年4月北京第6次印刷

定价：99.00元

读者服务热线：(010)84084456-6009　印装质量热线：(010)81055316
反盗版热线：(010)81055315
广告经营许可证：京东市监广登字 20170147 号

序 一

TensorFlow 2 降低机器学习门槛，促进机器学习无处不在！

深度学习带来了机器学习技术的革命，也让人工智能成为近年来最火爆的话题之一，给社会各界带来了深远的影响。在学术界，arXiv 上有关机器学习的论文数量急剧增长，其速度赶上了摩尔定律；在工业界，深度神经网络技术被大规模地用在搜索、推荐、广告、翻译、语音、图像和视频等领域。同时，公众非常关注人工智能对于社会的影响，"如何构建负责的 AI"成为重要话题。深度学习也在推动一些人类重大的工程挑战，比如自动驾驶、医疗诊断和预测、个性化学习、科学发展（比如天文发现）、跨语言的自由交流（比如实时翻译）、更通用的人工智能系统（比如 AlphaGo）等。

TensorFlow 是开源的端到端机器学习平台，提供了丰富的工具链，推动了机器学习的前沿研究，支撑了大规模生产使用，支持多平台灵活部署。TensorFlow 有着庞大的社区，目前全球下载量已经超过 1 亿次，遍布全球的开发者不断为社区做贡献。TensorFlow 推动了很多前沿研究，比如谷歌在 2017 年提出了 Transformer 模型，可能是过去几年深度学习领域最有影响力的成果之一；2018 年提出了 BERT 模型，带来了 NLP 领域近年来最大的突破，很快在工业界得到广泛使用。TensorFlow 支撑了社区中很多应用，比如环境保护（亚马孙热带雨林的护林人员使用 TensorFlow 来识别丛林中砍树的声音，判断是否有盗伐者）、农业监测（在非洲，开发者使用 TensorFlow 制作出了判断植物是否生病的手机应用，只需对植物进行拍照）、文化研究（兰州大学使用 TensorFlow 做基于敦煌壁画的服饰生成）和健康保护（安徽中医药大学使用 TensorFlow 识别中草药）等。在科学计算领域，Summit 是全球领先的超级计算机系统，它利用 TensorFlow 来做极端天气的预测。在工业界，很多常见的应用背后都有 TensorFlow 的支持，比如网易严选用 TensorFlow 做销售数据预测，腾讯医疗使用 TensorFlow 做医疗影像处理，英语流利说用 TensorFlow 帮助用户学习英语。大家常见的推荐、搜索、翻译和语音识别产品等，很多使用了 TensorFlow。

TensorFlow 2 重点关注易用性，同时兼具可扩展性和高性能，降低了机器学习的门槛。一项技术只有低门槛，才能大规模普及，这也是 TensorFlow 的重要目标：促进人人可用的机器学习，帮助构建负责的 AI（Responsible AI）应用。TensorFlow 2 中默认推荐使用 Keras 作为高阶 API。Keras 简单易用，里面有大量可以复用的模块，仅用数行代码就可以构造一个复杂的神经网络，受到广大开发者的喜爱。Keras 还兼具灵活性，很多部分可以定制，满足多层次的需求（比如研究人员探索不同的模型结构）。TensorFlow 2 默认以动态图方式执行，便于调试；同时可以轻松使用 tf.function 把静态图转换为动态图，还可打开 XLA 编译优化功能，提高性能。API 一致性和文档丰富性非常重要，TensorFlow 2 在保持 API 一致性方面做了大量工作。在 TensorFlow 2 中，可以轻松使用 Distribute Strategy，一行代码就能实现从单机多卡到多机多卡的切换；提供了 tf.data 实现高性能、可扩展的数据流水线；也在 TensorBoard 中提供了丰富的功能来帮助调试和优化性能。

TensorFlow Lite 加速了端侧机器学习（on-device ML，ODML）的发展，让机器学习无处不在。它支持 Android、iOS、嵌入式设备，以及极小的 MCU 平台。全球已经有超过 40 亿设备部署了 TensorFlow Lite，除了谷歌的大量应用，在国外的 Uber、Airbnb，国内的网易、爱奇艺、腾讯等公司的应用上，都可以见到 TensorFlow Lite 的身影。TensorFlow Lite 支持多种量化和压缩技巧，持续提升性能，支持各种硬件加速器（比如 NNAPI、GPU、DSP、Core ML 等）；持续发布前沿模型（比如 EfficientNet-Lite，MobileBERT）和完整参考应用，并提供丰富的工具降低门槛（比如 TFLite Model Maker 和 Android Studio ML model binding）。最近还有一些突破，比如基于强大的 BERT 模型的问题回答系统也可以运行在低端 CPU 上（利用压缩的 MobileBERT），在 MCU 上的简单语音识别模型只需要 20 KB，这些给端侧机器学习带来了广阔前景，让"机器学习无处不在"成为可能。

TensorFlow 生态系统还有着丰富的工具链。TFX 支持端到端的复杂的机器学习流程，其中 TensorFlow Serving 是使用广泛的高性能的服务器端部署平台；TensorFlow.js 支持使用 JavaScript 在浏览器端部署，也与微信小程序有很好的集成，为广大 JavaScript 爱好者提供了便利；TensorFlow Hub 提供了上千个即开即用的预训练模型，覆盖语言、语音、文本等多种应用，方便进行迁移学习，进一步降低机器学习的门槛。另外还有众多团队基于 TensorFlow 构建了多元的工具，比如 TensorFlow Probability（TensorFlow 和概率模型结合）、TensorFlow Federated（TensorFlow 和联邦学习结合）、TensorFlow Graphics（TensorFlow 和图形学结合），甚至 TensorFlow Quantum（TensorFlow 和量子计算结合）。

TensorFlow 开源的目标是促进人人可用的负责任的 AI，为此我们提供了一系列工具加速此过程。我们通过这些工具推荐了最佳实践（如 People+AI Guidebook），促进公正性（如 Fairness Indicators），推动模型可解释性（促进相关研究，提供相关工具），关注隐私（比如 TensorFlow Privacy、TensorFlow Federated），以及关注安全。

回到本书，其主要作者李锡涵是 TensorFlow 中国社区最活跃的成员之一，也是中国最早的机器学习领域的谷歌开发者专家（Google Developers Expert，GDE）之一，为无数 TensorFlow 社区成员提供过培训，多次参与全球的 TensorFlow 活动，为 TensorFlow 中文社区做出了巨大贡献。从我三年前开始推动 TensorFlow 中文社区开始，李锡涵一直是中坚力量，和 TensorFlow 团队协作紧密。作者李卓桓也是非常活跃的谷歌开发者专家、卓有成就的投资者、JavaScript 的狂热爱好者，由他负责的 TensorFlow.js 一章自然非常精彩。其他几位对本书有贡献的人也都为社区做出了巨大贡献，经验丰富。

我有幸完整地见证了本书的诞生过程。早期 TensorFlow 社区组织者之一程路和李锡涵开始在周末策划和推进本书，如今终有收获。在其早期版本（基于 TensorFlow 1.x）发布时，这本书得到了 Jeff Dean 在 Twitter 的转发推荐。到后来，TensorFlow 2 发布，李锡涵、李卓桓等作者基于 TensorFlow 2 对本书进行了更新。同时，TensorFlow 中国团队的工程师（Tiezhen Wang 等）为本书提供了大量的建议，也将此项目作为 Google Summer of Code（GSoC）项目来支持。在此之后，李锡涵多次将本书用于社区培训，并在 TensorFlow 官方微信连载，回答了大量社区中的问题。我们不久前组织了 TensorFlow Study Jam，社区集体基于本书学习 TensorFlow，李锡涵和李卓桓都是其中的主讲者。

本书简单明了，适合快速入门，是难得的适合 TensorFlow 初学者阅读的好作品，强烈推荐给大家！虽然社区里已有不少 TensorFlow 英文和中文教程，但是本书出自经验丰富的谷歌开发者专家，有 TensorFlow 团队工程师的建议，历经多次迭代，在社区实践中反复锤炼，这些都让本书别具一格。

TensorFlow 是一个开放的社区，大家总可以在社区中找到自己的兴趣。当然，你也可以关注各地的 TFUG（TensorFlow User Group）活动。中国内地已有 19 个城市有 TFUG，如果所在的城市没有，你也可以申请组织当地的 TFUG，从为社区翻译文档、创作教程和分享案例开始做起。当你学习完此书、胸有成竹时，欢迎报考全球通用的 TensorFlow Developer Certificate，参加 Kaggle 比赛（并享受免费 GPU 和 TPU），为 TensorFlow 贡献模型（TensorFlow Model Garden 特别欢迎大家贡献 TensorFlow 2 的模型），或者参加 TensorFlow SIG，贡献代码。经验丰富且愿意为社区做贡献的朋友们，欢迎你们像李锡涵和李卓桓一样，申请成为谷歌开发者专家，在社区中发挥更大的影响力。

最后，希望读者能享受学习本书的乐趣，将 TensorFlow 应用到研究和产品中。如果希望了解最新的 TensorFlow 消息和丰富的社区应用案例，可以关注 TensorFlow 的微信公众号，或者访问官方网站。

李双峰
TensorFlow 中国研发负责人
2020 年 7 月 6 日

序 二

I first met Xihan in Jeju Island, Korea in 2017 summertime. He was one of the students attending Machine Learning Camp Jeju, and I had a pleasure to continue working with him around various ML programs which I crafted in Google. He was one of the first ML GDEs(Google Developers Experts) in China and remains as an active member. He also helped to expand ML GDEs at a global level and he was one of the earliest developers writing online books on TensorFlow 2. This book includes the latest information on TensorFlow and guides the readers toward its features including Eager Execution which will make developer's codes a lot more intuitive. This book covers TensorFlow extensively, and also includes the latest information on advanced technologies including quantum computing.

On top of all the relevant contents that this book contains, all the beautiful collaboration makes this book special. Many other ML GDEs participated to write chapters that they felt comfortable with. And when I heard that several members of TFUG (TensorFlow User Group), GDG (Google Developers Group) and GSoC (Google Summer of Code) also joined in this project, my special feeling of this book has become even more special. Like TensorFlow being an Open Source, this book is a great example of collaboration of many people in an Open Source manner.

Congratulations to Xihan and everyone who helped on this project. This is a truly meaningful outcome and will remain as a great, helpful resource for many more developers to come.

Soonson Kwon
Global ML Ecosystem Programs Lead in Google

2017 年暑假的时候，我在韩国济州岛第一次见到了锡涵，那时他是参加济州岛机器学习夏令营的学生之一。在此之后，我很高兴能和他继续合作，共同推进我在谷歌负责的各种机器学习项目。他是中国第一批机器学习领域的谷歌开发者专家，并且直到现在，他仍然是活跃的成员。他帮助了谷歌开发者专家项目在全球范围内的推广，同时也是最早编写 TensorFlow 2 在线手册的开发者之一。锡涵的这本书包含了 TensorFlow 的最新信息，并引导读者了解其功能，尤其是使开发者编写代码更加直观的"即时执行模式"。本书还介绍了 TensorFlow 的更多相关主题，包括量子计算等前沿技术的最新信息。

除了上述前沿的内容之外，许多美妙的合作也让本书变得更加特别：一些其他的谷歌开发者专家也参与编写了他们擅长的章节。而当我听说 TensorFlow 开发者社区（TFUG）、谷歌开发者社区（GDG）和谷歌编程之夏（Google Summer of Code）的一些成员也加入了这个项目时，本书更加令我刮目相看。正如 TensorFlow 是开源项目一样，本书也是以开源方式合作的一个很好的例子。

祝贺锡涵和所有对这个项目提供帮助的人。这是一个意义深远的成果，并将为未来的更多开发者们提供一个优质且实用的开发资源。

Soonson Kwon
谷歌全球机器学习生态系统项目负责人

序 三

人工智能技术正加速推进产业变革和社会变革，其引领创新和驱动转型的作用日益凸显。深度学习和特征表示学习作为新一轮人工智能高潮的推进器，受到学术界和产业界的高度关注。我们有理由相信，在未来几年或十几年间，与深度学习和特征表示学习等相关的理论和方法研究将会出现更激动人心的进展，在智能制造、智能医疗、智能家居、智能教育和智能机器人等领域将有更多、更深层次的应用落地。

TensorFlow 是 Google Brain 团队推出的一个开源、端到端的机器学习平台，是目前主流的深度学习框架之一。TensorFlow 拥有较为全面而灵活的生态系统，既可以助力研究人员研发新的学习模型和算法，也可以让应用开发人员轻松构建和部署机器学习的相关算法，以支持面向应用的开发，大大降低机器学习和深度学习在各个行业中的应用难度。与先前的版本相比，2019 年 10 月发布的 TensorFlow 2 正式版的可用性和成熟度大为加强，适合进行大规模的推广普及。

作为老师和朋友，非常欣喜和荣幸地推荐北京大学智能科学系数据智能实验室 2016 级校友李锡涵的新书《简明的 TensorFlow 2》。作为国内首批机器学习领域的谷歌开发者专家，李锡涵在利用 TensorFlow 开展强化学习相关理论方法研究的同时，也持续跟踪 TensorFlow 的研发进展。至今已连续 3 次参加 TensorFlow 开发者峰会，多次受到谷歌开发者社群邀请，并在 GDG DevFest、TensorFlow Day 和 Women Techmakers 等活动中参与 TensorFlow CodeLab 教学。本书在简洁高效介绍 TensorFlow 相关概念和功能的同时，也有从研究人员和开发人员角度对 TensorFlow 自身特点的思考、实践和经验总结。

人工智能技术正处于蓬勃发展的时期，大批优秀的研究员和程序员纷纷加入该行列。如何站在前人的肩膀上，研发更新、更好的机器学习和深度学习算法、应用，是大家普遍关心的问题。TensorFlow 是目前主流的学习框架之一，也是开展相关研究和应用开发的基础平台。希望更多人工智能研究人员和开发人员通过阅读本书，成为更好的数据科学家、机器学习算法工程师和人工智能实践者。

童云海

北京大学信息科学技术学院教授、博士生导师

北京大学图书馆副馆长

前　言

2018 年 3 月 30 日，谷歌在加州山景城举行了第二届 TensorFlow 开发者峰会（TensorFlow Dev Summit），并正式宣布发布 TensorFlow 1.8。作为国内首批机器学习领域的谷歌开发者专家，我有幸获得谷歌的资助，亲临峰会现场，见证了这一具有里程碑意义的新版本发布。众多新功能的加入和支持展示了 TensorFlow 的雄心壮志，已经酝酿许久的即时执行模式（Eager Execution，或称"动态图模式"）在这一版本中终于正式得到支持。

在此之前，TensorFlow 基于传统的图执行模式与会话机制（Graph Execution and Session，或称"静态图模式"）的弊端已被开发者诟病许久，如入门门槛高、调试困难、灵活性差、无法使用 Python 原生控制语句等。一些新的、基于即时执行模式的深度学习框架（如 PyTorch）横空出世，并以其易用性和快速开发的特性而占据了一席之地。尤其是在学术研究等需要快速迭代模型的领域，PyTorch 等新兴深度学习框架已成为主流。我所在的近二十人的机器学习实验室中，竟只有我一人"守旧"地使用 TensorFlow。与此同时，市面上 TensorFlow 相关的中文技术书以及资料仍然基于传统的图执行模式与会话机制，这让不少初学者，尤其是刚学过机器学习课程的大学生望而却步。

因此，在 TensorFlow 正式支持即时执行模式之际，我认为有必要出现一本全新的入门书，帮助初学者及需要快速迭代模型的研究者，以"即时执行"的视角快速入门 TensorFlow。这也是我编写本书的初衷。本书自 2018 年春天开始编写，并于 2018 年 8 月在 GitHub 发布了第一个中英文双语版本，很快得到了国内外不少开发者的关注。尤其是 TensorFlow 工程总监 Rajat Monga、谷歌 AI 负责人 Jeff Dean 以及 TensorFlow 官方社交媒体，他们对本书给予了推荐与关注，这给了我很大的鼓舞。同时，我作为谷歌开发者专家，多次受谷歌开发者社区（Google Developers Group，GDG）的邀请，在 GDG DevFest、TensorFlow Day 和 Women Techmakers 等活动中使用本书进行线下的 TensorFlow Codelab 教学。教学活动获得了较好的反响，也收到了不少反馈和建议，这些都促进了本书的更新和质量改进。

2019 年 3 月的第三届 TensorFlow 开发者峰会，我再次受邀来到谷歌的硅谷总部，见证了 TensorFlow 2.0 alpha 的发布。此时的 TensorFlow 已经形成了一个拥有庞大版图的生态系统。TensorFlow Lite、TensorFlow.js、TensorFlow for Swift、TPU 等各种组件日益成熟。同时，TensorFlow 2 加入了提升易用性的诸多新特性，例如以 tf.keras 为核心的统一高层 API、使用

tf.function 构建图模型、默认使用即时执行模式等，这使得对本书的大幅扩充和更新提上日程。谷歌开发者社区中两位 JavaScript 和 Android 领域的资深专家李卓桓和朱金鹏也参与了本书的编写，这使得本书增加了诸多面向业界的 TensorFlow 模块详解与实例。同时，我在谷歌开发者大使（Developer Advocate）Paige Bailey 的邀请下申请并成功加入了 Google Summer of Code 2019 活动。作为全世界 20 位由谷歌 TensorFlow 项目资助的学生开发者之一，我在 2019 年的暑期基于 TensorFlow 2.0 Beta 版本，对本书进行了大幅扩充和可读性上的改进，使得本书从 2018 年发布的小型入门指南逐渐成长为一本内容全面的 TensorFlow 技术手册和开发指导。

2019 年 10 月 1 日，TensorFlow 2.0 正式版发布。本书也开始在 TensorFlow 官方微信公众号（TensorFlow_official）上长篇连载。在连载过程中，我收到了大量的读者提问和意见反馈。在为读者答疑的同时，我也修订了书中的较多细节。2020 年 3 月，第四届 TensorFlow 开发者峰会在线上直播举行。我根据峰会的内容为本书增添了部分内容，特别是介绍了 TensorFlow Quantum 这一混合量子 – 经典机器学习库的基本使用方式。我在研究生期间旁听过量子力学，还做过量子计算和机器学习结合的专题报告。TensorFlow Quantum 的推出着实让我感到兴奋，让我迫不及待地要把它介绍给广大读者。2020 年 4 月，我接受 TensorFlow User Group（TFUG）和谷歌开发者社区的邀请，依托本书在 TensorFlow 官方微信公众号上开展了“机器学习 Study Jam”线上教学活动，并启用了 tf.wiki 中文社区进行教学互动答疑。同样，此次教学也有不少学习者为本书提供了重要的改进意见。

由于我的研究方向是强化学习，所以在本书的附录 A 中对强化学习进行了专题介绍。和绝大多数强化学习教程一开始就介绍马尔可夫决策过程和各种概念不同，我从纯动态规划出发，结合具体算例来介绍强化学习，试图让强化学习和动态规划的关系更清晰，以及对程序员更友好。这个视角相对比较特立独行，如果你发现了谬误之处，也请多加指正。

其实在 2018 年秋天，我就已经开始筹划本书的出版事宜，由于 TensorFlow 版本迭代速度快，所以这个过程中多次对书中的内容进行了修订与增加，导致本书的出版时间一再推迟。在此书最终付梓时，TensorFlow 2.1 正式版已经发布，其中修正了 TensorFlow 2 在使用中的诸多问题，使得 TensorFlow 2 的可用性和成熟度大为加强，适合进行大规模推广普及。经过多次修订后，书中的大部分内容也趋于稳定。因此，我认为现在（2020 年夏天）是出版本书的成熟时机。尽管如此，本书依然可能存在诸多缺陷、错误和过时之处，欢迎在 tf.wiki 中文社区或图灵社区 ① 进行反馈。

本书的主要特点如下。

❑ 主要基于 TensorFlow 2 最新的即时执行模式，以便模型的快速迭代开发，同时使用 tf.function 实现图执行模式。

---

① 欢迎大家访问图灵社区的本书主页（https://www.ituring.com.cn/book/2705）了解更多内容。本书相关的学习链接收录在 https://www.ituring.com.cn/article/510217。

- ❏ 定位为技术参考书，并以 TensorFlow 2 的各项概念和功能为核心进行编排，力求让 TensorFlow 开发者快速查阅。各章相对独立，不一定需要按顺序阅读。
- ❏ 书中的代码均经过仔细推敲，尽力做到简洁高效、表意清晰。模型实现均统一通过继承 tf.keras.Model 和 tf.keras.layers.Layer 的方式，保证代码的高度可复用性。每个完整项目的代码总行数均不超过 100，读者可以快速理解并举一反三。
- ❏ 注重详略，少即是多。不追求巨细无遗和面面俱到，不在正文中进行大篇幅的细节论述。

本书适合以下读者阅读：

- ❏ 已有一定机器学习或深度学习基础，希望将所学理论知识使用 TensorFlow 进行具体实现的学生和研究者；
- ❏ 曾使用或正在使用 TensorFlow 1.x 或其他深度学习框架（比如 PyTorch），希望了解和学习 TensorFlow 2 新特性的开发者；
- ❏ 希望将已有的 TensorFlow 模型应用于业界的开发者或工程师。

> **提示**
>
> 本书的主题是 TensorFlow 2，而非机器学习或深度学习原理，若希望了解机器学习或深度学习的理论，可参考附录 E 中提到的一些入门资料。另外，本书相关的网址收录在 https://www.ituring.com.cn/article/510217。

如何使用本书

建议已有一定机器学习或深度学习基础，希望使用 TensorFlow 2 进行模型建立与训练的学生和研究者，顺序阅读本书的基础篇。为了帮助部分新入门机器学习的读者理解内容，本书在基础篇中提供了一些与行文内容相关的机器学习知识。这些内容旨在帮助读者将机器学习理论知识与具体的 TensorFlow 程序代码进行结合，深入了解 TensorFlow 代码的内在机制，让读者在调用 TensorFlow 的 API 时能够知其所以然。然而，这些内容对于没有机器学习基础的读者而言是完全不够的。若读者发现阅读这些内容有很强的陌生感，那么应该先学习一些机器学习相关的基础概念。部分章节的开头提供了"前置知识"，方便读者查漏补缺。

希望将 TensorFlow 模型部署到实际环境中的开发者和工程师，可以重点阅读本书的部署篇，尤其是需要结合示例代码亲手操作。不过，依然非常建议学习一些机器学习的基本知识并阅读本书的基础篇，这样有助于更深入地了解 TensorFlow 2。

对于已有 TensorFlow 1.x 使用经验的开发者，可以从本书的高级篇开始阅读，尤其是第 15 章和第 16 章，随后快速浏览基础篇了解即时执行模式下 TensorFlow 的使用方式。

在整本书中，带 * 的部分均为选读。

本书示例代码可至 GitHub[①] 获得，其中 zh 目录下是含中文注释的代码（对应于本书的中文版，即你手上的这一本），en 目录下是含英文注释的代码（对应于本书的英文版）。在使用时，建议将代码的根目录加入 PYTHONPATH 环境变量，或者使用合适的 IDE（如 PyCharm）打开代码根目录，这样代码间可以顺利地相互调用（形如 import zh.XXX 的代码）。

致谢

首先感谢我的好友兼同学 Chris Wu 编写的《简单高效 LaTeX》[②]。该书清晰精炼，是 LaTeX 领域不可多得的中文资料，为本书的初始体例编排提供了规范和指引。本书最初是在我的好友 Ji-An Li 所组织的深度学习研讨小组中，作为预备知识讲义编写和使用的。好友们卓著的才学与无私分享的精神是我编写此拙作的重要助力。

本书中有关 TensorFlow.js 的章节（第 8 章）和有关 TensorFlow Lite 的章节（第 7 章和第 18 章）分别由李卓桓和朱金鹏撰写。另外，卓桓还撰写了 TPU 部分（第 10 章）和 Swift for TensorFlow 部分（第 13 章），金鹏还提供了 TensorFlow Hub 的介绍（第 11 章）。来自豆瓣阅读的王子阳提供了关于 Node.js（6.3.2 节）和阿里云（C.2.3 节）的部分示例代码和说明。在此向他们特别表示感谢。

在基于本书初稿的多场线上、线下教学活动和 TensorFlow 官方微信公众号连载中，大量活动参与者与读者为本书提供了有价值的反馈，促进了本书的持续更新。谷歌开发者社区和 TensorFlow User Group 的多位志愿者们也为这些活动的顺利举办做出了重要贡献。来自中国科学技术大学的 Zida Jin 将本书 2018 年初版的大部分内容翻译为了英文，Ming 和 Ji-An Li 在英文版翻译中亦有贡献，促进了本书在世界范围内的推广。在此一并表示由衷的谢意。

衷心感谢谷歌中国开发者关系团队和 TensorFlow 工程团队的成员及前成员们对本书所提供的帮助。其中，开发者关系团队的程路在编写本书的过程中为我提供了重要的思路和鼓励，并且提供了本书在线版本的域名和 tf.wiki 中文社区的域名；开发者关系团队的 Soonson Kwon、Lily Chen、Wei Duan、Tracy Wang、Rui Li、Pryce Mu，TensorFlow 产品经理 Mike Liang 和谷歌开发者大使 Paige Bailey 为本书宣传及推广提供了大力支持；TensorFlow 工程团队的 Tiezhen Wang 在本书的工程细节方面提供了诸多建议和补充；TensorFlow 中国研发负责人李双峰和 TensorFlow 工程团队的其他工程师们为本书提供了专业的审阅意见。同时感谢 TensorFlow 工程总监 Rajat Monga 和谷歌 AI 负责人 Jeff Dean 在社交媒体上对本书的推荐与关注。感谢 Google Summer of Code 2019 对本项目的资助。

本书的主体部分为我在北京大学信息科学技术学院智能科学系攻读硕士学位时撰写。感谢我的导师童云海教授和实验室的同学们对本书的支持。

---

① 本书的示例代码也可到图灵社区（iTuring.cn）本书主页免费注册下载。
② 吴康隆著，人民邮电出版社 2020 年出版。

最后，感谢人民邮电出版社的王军花、武芮欣两位编辑对本书的细致编校及出版流程跟进。感谢我的父母和好友对本书的关注和支持。

关于本书的意见和建议，欢迎在 tf.wiki 中文社区或图灵社区 ① 提交，你的宝贵意见将促进本书的持续更新。

李锡涵（snowkylin）
谷歌开发者专家，机器学习领域
2020 年 5 月于深圳

---

① 你可以到图灵社区本书主页了解更多内容，该页面下方"相关文章"中的《〈简明的TensorFlow 2〉链接表》（https://www.ituring.com.cn/article/510217）收录了与本书相关的全部链接。

目　录

第 0 章　TensorFlow 概述 ·················1

基 础 篇

第 1 章　TensorFlow 的安装与环境配置 ·······4

1.1　一般安装步骤 ·······················4

1.2　GPU 版本 TensorFlow 安装指南 ·······6

　　1.2.1　GPU 硬件的准备 ···········6

　　1.2.2　NVIDIA 驱动程序的安装 ·······6

　　1.2.3　CUDA Toolkit 和 cuDNN 的安装···8

1.3　第一个程序 ·······················8

1.4　IDE 设置 ·························9

1.5*　TensorFlow 所需的硬件配置 ·······10

第 2 章　TensorFlow 基础 ···············12

2.1　TensorFlow 1+1 ·················12

2.2　自动求导机制 ·····················14

2.3　基础示例：线性回归 ···············15

　　2.3.1　NumPy 下的线性回归 ·······16

　　2.3.2　TensorFlow 下的线性回归 ·······17

第 3 章　TensorFlow 模型建立与训练 ·······19

3.1　模型与层 ························19

3.2　基础示例：多层感知器 ············22

　　3.2.1　数据获取及预处理：tf.keras.
　　　　datasets ···················23

　　3.2.2　模型的构建：tf.keras.Model
　　　　和 tf.keras.layers ···········24

　　3.2.3　模型的训练：tf.keras.losses
　　　　和 tf.keras.optimizer ·······25

　　3.2.4　模型的评估：tf.keras.
　　　　metrics ·····················27

3.3　卷积神经网络 ·····················29

　　3.3.1　使用 Keras 实现卷积神经网络 ···29

　　3.3.2　使用 Keras 中预定义的经典
　　　　卷积神经网络结构 ···········30

3.4　循环神经网络 ·····················35

3.5　深度强化学习 ·····················40

3.6*　Keras Pipeline ·················44

　　3.6.1　Keras Sequential/Functional API
　　　　模式建立模型 ···············44

　　3.6.2　使用 Keras Model 的 compile、
　　　　fit 和 evaluate 方法训练和
　　　　评估模型 ···················45

3.7*　自定义层、损失函数和评估指标 ·······45

　　3.7.1　自定义层 ···············46

　　3.7.2　自定义损失函数和评估指标·······47

第 4 章　TensorFlow 常用模块 ···········48

4.1　tf.train.Checkpoint：变量的保存
　　与恢复 ··························48

4.2　TensorBoard：训练过程可视化 ·······52

4.2.1　实时查看参数变化情况…………52

4.2.2　查看 Graph 和 Profile 信息…53

4.2.3　实例：查看多层感知器模型的

训练情况………………………55

4.3　tf.data：数据集的构建与预处理……55

4.3.1　数据集对象的建立………………55

4.3.2　数据集对象的预处理……………57

4.3.3　使用 tf.data 的并行化策略

提高训练流程效率……………60

4.3.4　数据集元素的获取与使用………61

4.3.5　实例：cats_vs_dogs 图像

分类……………………………62

4.4　TFRecord：TensorFlow 数据集存储

格式…………………………………64

4.4.1　将数据集存储为 TFRecord

文件……………………………65

4.4.2　读取 TFRecord 文件……………66

4.5*　@tf.function：图执行模式…………67

4.5.1　@tf.function 基础使用方法…68

4.5.2　@tf.function 内在机制………69

4.5.3　AutoGraph：将 Python 控制流

转换为 TensorFlow 计算图…71

4.5.4　使用传统的 tf.Session………73

4.6*　tf.TensorArray：TensorFlow 动态

数组 ………………………………73

4.7*　tf.config：GPU 的使用与分配 ……75

4.7.1　指定当前程序使用的 GPU………75

4.7.2　设置显存使用策略………………76

4.7.3　单 GPU 模拟多 GPU 环境………77

部　署　篇

第 5 章　TensorFlow 模型导出…………80

5.1　使用 SavedModel 完整导出模型…………80

5.2　Keras 自有的模型导出格式…………82

第 6 章　TensorFlow Serving…………84

6.1　TensorFlow Serving 安装…………84

6.2　TensorFlow Serving 模型部署…………85

6.2.1　Keras Sequential 模式模型的

部署……………………………86

6.2.2　自定义 Keras 模型的部署………86

6.3　在客户端调用以 TensorFlow Serving

部署的模型…………………………87

6.3.1　Python 客户端示例………………87

6.3.2　Node.js 客户端示例……………88

第 7 章　TensorFlow Lite…………91

7.1　模型转换…………………………91

7.2　TensorFlow Lite Android 部署…………92

7.3　TensorFlow Lite Quantized 模型转换…96

7.4　总结…………………………100

第 8 章　TensorFlow.js…………101

8.1　TensorFlow.js 环境配置…………102

8.1.1　在浏览器中使用

TensorFlow.js…………………102

8.1.2　在 Node.js 中使用

TensorFlow.js…………………103

8.1.3　在微信小程序中使用

TensorFlow.js…………………104

8.2　TensorFlow.js 模型部署…………105

8.2.1　在浏览器中加载 Python 模型…105

8.2.2　在 Node.js 中执行原生

SavedModel 模型………………106

8.2.3　使用 TensorFlow.js 模型库……107

8.2.4　在浏览器中使用 MobileNet

进行摄像头物体识别…………107

8.3*　TensorFlow.js 模型训练与性能对比…110

大规模训练篇

第 9 章　TensorFlow 分布式训练 ················ 116
9.1　单机多卡训练：MirroredStrategy ····· 116

9.2　多机训练：MultiWorkerMirrored-
　　　Strategy ·············· 118

第 10 章　使用 TPU 训练 TensorFlow
　　　模型 ·············· 120
10.1　TPU 简介 ·············· 120

10.2　TPU 环境配置 ·············· 122

10.3　TPU 基本用法 ·············· 123

扩　展　篇

第 11 章　TensorFlow Hub 模型复用 ········· 126
11.1　TF Hub 网站 ·············· 126

11.2　TF Hub 安装与复用 ·············· 127

11.3　TF Hub 模型二次训练样例 ········· 130

第 12 章　TensorFlow Datasets 数据集
　　　载入 ·············· 131

第 13 章　Swift for TensorFlow ········· 133
13.1　S4TF 环境配置 ·············· 133

13.2　S4TF 基础使用 ·············· 134

　　13.2.1　在 Swift 中使用标准的
　　　　　TensorFlow API ·············· 135

　　13.2.2　在 Swift 中直接加载 Python
　　　　　语言库 ·············· 135

　　13.2.3　语言原生支持自动微分 ········· 136

　　13.2.4　MNIST 数字分类 ·············· 137

第 14 章*　TensorFlow Quantum：混合
　　　量子 – 经典机器学习 ········· 140
14.1　量子计算基本概念 ·············· 141

　　14.1.1　量子位 ·············· 141

　　14.1.2　量子逻辑门 ·············· 142

　　14.1.3　量子线路 ·············· 143

　　14.1.4　实例：使用 Cirq 建立简单
　　　　　的量子线路 ·············· 144

14.2　混合量子 – 经典机器学习 ········· 144

　　14.2.1　量子数据集与带参数的
　　　　　量子门 ·············· 145

　　14.2.2　参数化的量子线路 ·············· 146

　　14.2.3　将参数化的量子线路嵌入
　　　　　机器学习模型 ·············· 146

　　14.2.4　实例：对量子数据集进行
　　　　　二分类 ·············· 147

高　级　篇

第 15 章　图执行模式下的 TensorFlow 2 ····· 150
15.1　TensorFlow 1+1 ·············· 150

　　15.1.1　使用计算图进行基本运算 ····· 150

　　15.1.2　计算图中的占位符与数据
　　　　　输入 ·············· 152

　　15.1.3　计算图中的变量 ·············· 153

15.2　自动求导机制与优化器 ·············· 156

　　15.2.1　自动求导机制 ·············· 156

　　15.2.2　优化器 ·············· 157

　　15.2.3*　自动求导机制的计算图
　　　　　对比 ·············· 158

15.3　基础示例：线性回归 ·············· 161

　　15.3.1　自动求导机制 ·············· 162

　　15.3.2　优化器 ·············· 162

第 16 章　tf.GradientTape 详解 ·············· 164
16.1　基本使用 ·············· 164

16.2　监视机制 ·············· 165

16.3　高阶求导 ·············· 166

16.4　持久保持记录与多次求导 ·············· 166

16.5　图执行模式 ·············· 167

16.6　性能优化 ·······························167

16.7　实例：对神经网络的各层变量独立

求导 ···································167

第 17 章　TensorFlow 性能优化 ·······169

17.1　关于计算性能的若干重要事实 ·····169

17.2　模型开发：拥抱张量运算 ·········170

17.3　模型训练：数据预处理和预载入 ·····171

17.4　模型类型与加速潜力的关系 ·········171

17.5　使用针对特定 CPU 指令集优化

的 TensorFlow ·······················172

17.6　性能优化策略 ·······················172

第 18 章　Android 端侧 Arbitrary Style

Transfer 模型部署 ·············173

18.1　Arbitrary Style Transfer 模型解析 ·····174

18.1.1　输入输出 ·······················174

18.1.2　bottleneck 数组 ·················174

18.2　Arbitrary Style Transfer 模型部署 ·········175

18.2.1　gradle 设置 ·······················175

18.2.2　style predict 模型部署 ·········175

18.2.3　transform 模型部署 ·············178

18.2.4　效果 ·····························180

18.3　总结 ································182

附录 A　强化学习简介 ·····················183

附录 B　使用 Docker 部署 TensorFlow

环境 ···························197

附录 C　在云端使用 TensorFlow ·············200

附录 D　部署自己的交互式 Python

开发环境 JupyterLab ·············211

附录 E　参考资料与推荐阅读 ·············214

附录 F　术语中英对照 ·····················216

第 0 章

TensorFlow 概述

当我们在说"我想要学习一个深度学习框架""我想学习 TensorFlow"或者"我想学习 TensorFlow 2"的时候，我们究竟想要学到什么？对于不同群体，可能会有相当不同的预期。

1. 学生和研究者：模型的建立与训练

如果你是一个初学机器学习或深度学习的学生，可能已经"啃"完了吴恩达（Andrew Ng）的机器学习公开课或者斯坦福大学的 UFIDL Tutorial，或是正在学习深度学习课程。你也可能已经了解了链式求导法则、梯度下降法和损失函数的概念，并且对卷积神经网络（CNN）、循环神经网络（RNN）和强化学习的理论也有了大致的认识。然而，你依然不知道这些模型如何在计算机中具体实现。这时，你希望能有一个程序库，帮助你把书本上的公式和算法运用于实践。

具体而言，以最常见的有监督学习（supervised learning）为例。假设你已经掌握了一个模型 $\hat{y} = f(x, \theta)$（x、y 分别为输入和输出，θ 为模型参数），确定了一个损失函数 $L(y, \hat{y})$，并获得了一批数据 X 和相对应的标签 Y。这时，你会希望有一个程序库，帮助你实现下列事情。

- 用计算机程序表示向量、矩阵和张量等数学概念，并方便地进行运算。
- 方便地建立模型 $\hat{y} = f(x, \theta)$ 和损失函数 $L(y, \hat{y}) = L(y, f(x, \theta))$。给定输入 $x_0 \in X$、对应的标签 $y_0 \in Y$ 和当前迭代轮的参数值 θ_0，能够方便地计算出模型预测值 $\hat{y}_0 = f(x_0, \theta_0)$，并计算损失函数的值 $L_0 = L(y_0, \hat{y}_0) = L(y_0, f(x_0, \theta_0))$。
- 当给定 x_0、y_0、θ_0 时，自动计算损失函数 L 对模型参数 θ 的偏导数，即 $\theta'_0 = \frac{\partial L}{\partial \theta}\Big|_{x=x_0, y=y_0, \theta=\theta_0}$，而无须人工推导求导结果。这意味着，这个程序库需要支持某种意义上的"符号计算"，能够记录运算的全过程，这样才能根据链式法则进行反向求导。
- 根据所求出的偏导数 θ'_0，方便地调用一些优化方法更新当前迭代轮的模型参数 θ_0，得到下一迭代轮的模型参数 θ_1（比如梯度下降法，$\theta_1 = \theta_0 - \alpha\theta'_0$，其中 α 为学习率）。

更抽象一些说，这个你所希望的程序库需要做到以下两点。

- 数学概念和运算的程序化表达。
- 对于任意可导函数 $f(x)$，可以求在自变量 $x = x_0$ 时的梯度 $\nabla f\big|_{x=x_0}$（"符号计算"的能力）。

2. 开发者和工程师: 模型的调用与部署

如果你是一位在 IT 行业沉淀多年的开发者或者工程师, 也许已经遗忘了部分大学期间学到的数学知识 ("多元函数……求偏微分? 那是什么东西? ")。然而, 你可能希望在产品中加入一些与人工智能相关的功能, 抑或需要将已有的深度学习模型部署到各种场景中, 具体包括下面几点。

❑ 如何导出训练好的模型?
❑ 如何在本机使用已有的预训练模型?
❑ 如何在服务器、移动端、嵌入式设备甚至网页上高效运行模型?
……

3. TensorFlow 能帮助我们做什么

TensorFlow 可以为以上的这些需求提供完整的解决方案。具体而言, TensorFlow 包含以下特性。

❑ 训练流程
  ▪ **数据的处理**: 使用 `tf.data` 和 TFRecord 可以高效地构建和预处理数据集, 构建训练数据流。同时可以使用 TensorFlow Datasets 快速载入常用的公开数据集。
  ▪ **模型的建立与调试**: 使用即时执行模式和著名的神经网络高层 API 框架 Keras, 结合可视化工具 TensorBoard, 简易、快速地建立和调试模型。也可以通过 TensorFlow Hub 方便地载入已有的成熟模型。
  ▪ **模型的训练**: 支持在 CPU、GPU、TPU 上训练模型, 支持单机和多机集群并行训练模型, 充分利用海量数据和计算资源进行高效训练。
  ▪ **模型的导出**: 将模型打包导出为统一的 SavedModel 格式, 方便迁移和部署。
❑ 部署流程
  ▪ **服务器部署**: 使用 TensorFlow Serving 在服务器上为训练完成的模型提供高性能、支持并发、高吞吐量的 API。
  ▪ **移动端和嵌入式设备部署**: 使用 TensorFlow Lite 将模型转换为体积小、高效率的轻量化版本, 并在移动端、嵌入式端等功耗和计算能力受限的设备上运行, 支持使用 GPU 代理进行硬件加速, 还可以配合 Edge TPU 等外接硬件加速运算。
  ▪ **网页端**: 使用 TensorFlow.js, 在网页端等支持 JavaScript 运行的环境上运行模型, 支持使用 WebGL 进行硬件加速。

基础篇

## 第 1 章

TensorFlow 的安装与环境配置

TensorFlow 的最新安装步骤可参考官方网站上的说明。TensorFlow 支持 Python、Java、Go、C 等多种编程语言以及 Windows、macOS、Linux 等多种操作系统，此处及后文均以 Python 3.7 为例进行讲解。

> **提示**
>
> 本章介绍在个人计算机或服务器上直接安装 TensorFlow 2 的方法。关于在容器环境（Docker）、云平台中部署 TensorFlow 或在线上环境中使用 TensorFlow 的方法，见附录 B 和附录 C。软件的安装方法往往具有时效性，本节的更新日期为 2020 年 5 月。

1.1 一般安装步骤

安装 TensorFlow 的一般步骤如下。

(1) 安装 Python 环境。此处建议安装 Anaconda 的 Python 3.7 64 位版本（后文均以此为准），这是一个开源的 Python 发行版本，它提供了一个完整的科学计算环境，包括 NumPy、SciPy 等常用科学计算库。当然，你有权选择自己喜欢的 Python 环境。

(2) 使用 Anaconda 自带的 conda 包管理器建立一个 conda 虚拟环境，并进入该虚拟环境。在命令行下输入：

```
conda create --name tf2 python=3.7    # tf2 是你建立的 conda 虚拟环境的名字
conda activate tf2                    # 进入名为 tf2 的虚拟环境
```

(3) 使用 Python 包管理器 pip 安装 TensorFlow。在命令行下输入：

```
pip install tensorflow
```

等待片刻即可安装完毕。

小技巧

❏ 也可以使用 conda install tensorflow 命令或者 conda install tensorflow-gpu 命令来安装 TensorFlow，不过 conda 源的版本往往更新较慢，难以在第一时间获得最新的 TensorFlow 版本。

❏ 从 TensorFlow 2.1 开始，pip 包 tensorflow 同时包含 GPU 支持，无须通过特定的 pip 包 tensorflow-gpu 安装 GPU 版本。如果对 pip 包的大小敏感，可使用 tensorflow-cpu 包安装仅支持 CPU 的 TensorFlow 版本。

❏ 在 Windows 系统下，需要打开"开始"菜单中的"Anaconda Prompt"进入 Anaconda 的命令行环境。

❏ 如果默认的 pip 和 conda 网络连接速度慢，可以尝试使用镜像（例如清华大学的 PyPI 镜像和 Anaconda 镜像），这将显著提升 pip 和 conda 的下载速度。具体效果视你所在的网络环境而定。

❏ 如果对磁盘空间要求严格（比如服务器环境），可以安装 Miniconda，它是一个 Anaconda 的精简版本，仅包含 Python 和 conda，其他的包可自己按需安装。

❏ 如果在 pip 安装 TensorFlow 时出现了 "Could not find a version that satisfies the requirement tensorflow" 的提示，比较大的可能是你使用了 32 位（x86）的 Python 环境。请更换为 64 位的 Python。可以在命令行里输入 python 进入 Python 交互界面，通过查看进入界面时的提示信息来判断 Python 平台是 32 位的（如 [MSC v.XXXX 32 bit (Intel)]）还是 64 位的（如 [MSC v.XXXX 64 bit (AMD64)]）。

接着，我们为大家介绍常见的包管理器与 conda 虚拟环境。

1. pip 和 conda 包管理器

pip 是使用最广泛的 Python 包管理器，可以帮助我们获得最新的 Python 包并进行管理。常用命令如下：

```
pip install [package-name]                       # 安装名为 [package-name] 的包
pip install [package-name]==X.X                  # 安装名为 [package-name] 的包并指定版本为 X.X
pip install [package-name] --proxy=代理服务器 IP:端口号        # 使用代理服务器安装
pip install [package-name] --upgrade             # 更新名为 [package-name] 的包
pip uninstall [package-name]                     # 删除名为 [package-name] 的包
pip list                                         # 列出当前环境下已安装的所有包
```

conda 包管理器是 Anaconda 自带的包管理器，可以帮助我们在 conda 环境下轻松地安装各种包。相较于 pip，conda 的通用性更强（不仅是 Python 包，其他包如 CUDA Toolkit 和 cuDNN 也可以安装），但 conda 源的版本更新往往较慢。常用命令如下：

```
conda install [package-name]          # 安装名为 [package-name] 的包
conda install [package-name]=X.X      # 安装名为 [package-name] 的包并指定版本为 X.X
conda update [package-name]           # 更新名为 [package-name] 的包
```

```
conda remove [package-name]        # 删除名为 [package-name] 的包
conda list                         # 列出当前环境下已安装的所有包
conda search [package-name]        # 列出名为 [package-name] 的包在 conda 源中的所有可用版本
```

想要在 conda 中配置代理，可以在用户目录下的 .condarc 文件中添加以下内容：

```
proxy_servers:
    http: http:// 代理服务器 IP: 端口号
```

2. conda 虚拟环境

在 Python 开发中，我们在很多时候希望每个应用有一个独立的 Python 环境（比如应用 1 需要用到 TensorFlow 1.x，而应用 2 使用 TensorFlow 2）。这时，conda 虚拟环境就可以为每个应用创建一套"隔离"的 Python 运行环境。使用 Python 的包管理器 conda 即可轻松地创建 conda 虚拟环境。常用命令如下：

```
conda create --name [env-name]        # 建立名为 [env-name] 的 conda 虚拟环境
conda activate [env-name]             # 进入名为 [env-name] 的 conda 虚拟环境
conda deactivate                      # 退出当前的 conda 虚拟环境
conda env remove --name [env-name]    # 删除名为 [env-name] 的 conda 虚拟环境
conda env list                        # 列出所有 conda 虚拟环境
```

1.2　GPU 版本 TensorFlow 安装指南

GPU 版本的 TensorFlow 可以利用 NVIDIA GPU 强大的加速计算能力，使 TensorFlow 的运行更为高效，尤其是可以成倍提升模型的训练速度。

在安装 GPU 版本的 TensorFlow 前，你需要有一块"不太旧"的 NVIDIA 显卡，并正确安装 NVIDIA 显卡驱动程序、CUDA Toolkit 和 cuDNN。

1.2.1　GPU 硬件的准备

TensorFlow 对 NVIDIA 显卡的支持较为完备。对于 NVIDIA 显卡，要求其 CUDA 的算力（compute capability）不低于 3.5。我们可以到 NVIDIA 的官方网站查询自己所用显卡的 CUDA 算力。目前，AMD 显卡也开始对 TensorFlow 提供支持。

1.2.2　NVIDIA 驱动程序的安装

下面简单介绍一下如何在 Windows 和 Linux 操作系统下安装 NVIDIA 驱动程序。

在 Windows 系统中，如果系统具有 NVIDIA 显卡，那么系统内往往已经自动安装了 NVIDIA 显卡驱动程序。如果未安装，直接访问 NVIDIA 官方网站，下载并安装对应型号的最新标准版驱动程序即可。

在服务器版 Linux 系统下，同样需要访问 NVIDIA 官方网站下载驱动程序（`.run` 文件），然后使用 `sudo bash DRIVER_FILE_NAME.run` 命令安装驱动，此处 `DRIVER_FILE_NAME.run` 为下载的驱动程序文件名。在安装之前，可能需要使用 `sudo apt-get install build-essential` 命令安装合适的编译环境。

在具有图形界面的桌面版 Linux 系统上，NVIDIA 显卡驱动程序需要一些额外的配置，否则会出现无法登录等各种错误。如果需要在 Linux 系统下手动安装 NVIDIA 驱动，注意要在安装之前进行以下工作（以 Ubuntu 为例）。

❑ 禁用系统自带的开源显卡驱动 Nouveau（在 `/etc/modprobe.d/blacklist.conf` 文件中添加一行 `blacklist nouveau`，使用 `sudo update-initramfs -u` 更新内核并重启）。
❑ 禁用主板的 Secure Boot 功能。
❑ 停用桌面环境（如 `sudo service lightdm stop`）。
❑ 删除原有 NVIDIA 驱动程序（如 `sudo apt-get purge nvidia*`）。

小技巧

对于桌面版 Ubuntu 系统，有一个很简单的 NVIDIA 驱动安装方法：在"系统设置"（System Setting）中选择"软件与更新"（Software & Updates），然后选择"Additional Drivers"里面的"Using NVIDIA binary driver"选项，并选择右下角的"Apply Changes"，这时系统会自动安装 NVIDIA 驱动，但是通过这种安装方式安装的 NVIDIA 驱动往往版本较旧。

NVIDIA 驱动程序安装完成后，可在命令行下使用 `nvidia-smi` 命令检查是否安装成功，若成功，则会打印当前系统安装的 NVIDIA 驱动信息，形式如下：

```
$ nvidia-smi
Mon Jun 10 23:19:54 2019
+-----------------------------------------------------------------------------+
| NVIDIA-SMI 419.35       Driver Version: 419.35       CUDA Version: 10.1      |
|-------------------------------+----------------------+----------------------+
| GPU  Name            TCC/WDDM | Bus-Id        Disp.A | Volatile Uncorr. ECC |
| Fan  Temp  Perf  Pwr:Usage/Cap|         Memory-Usage | GPU-Util  Compute M. |
|===============================+======================+======================|
|   0  GeForce GTX 106... WDDM  | 00000000:01:00.0  On |                  N/A |
| 27%   51C    P8    13W / 180W |   1516MiB /  6144MiB |      0%      Default |
+-------------------------------+----------------------+----------------------+

+-----------------------------------------------------------------------------+
| Processes:                                                       GPU Memory |
|  GPU       PID   Type   Process name                             Usage      |
|=============================================================================|
|    0       572   C+G    Insufficient Permissions                 N/A        |
+-----------------------------------------------------------------------------+
```

提示

nvidia-smi 命令可以查看机器上现有的 GPU 及使用情况。（在 Windows 系统下，将 C:\Program Files\NVIDIA Corporation\NVSMI 加入 PATH 环境变量即可，或在 Windows 10 下，可使用任务管理器的"性能"标签查看显卡信息。）

1.2.3　CUDA Toolkit 和 cuDNN 的安装

在 Anaconda 环境下，推荐使用如下命令安装 CUDA Toolkit 和 cuDNN：

```
conda install cudatoolkit=X.X
conda install cudnn=X.X.X
```

其中 X.X 和 X.X.X 分别为需要安装的 CUDA Toolkit 和 cuDNN 的版本号，必须严格按照 TensorFlow 官方网站所说明的版本进行安装。例如，对于 TensorFlow 2.1，可使用如下命令：

```
conda install cudatoolkit=10.1
conda install cudnn=7.6.5
```

在安装前，可以使用 conda search cudatoolkit 命令和 conda search cudnn 命令搜索 conda 源中可用的版本号。

当然，也可以按照 TensorFlow 官方网站上的说明手动下载 CUDA Toolkit 和 cuDNN 并安装，不过过程会稍烦琐。

1.3　第一个程序

TensorFlow 安装完毕后，我们来编写一个简单的程序来进行验证。

在命令行下输入 conda activate tf2 进入之前建立的安装有 TensorFlow 的 conda 虚拟环境，再输入 python 进入 Python 环境，接着逐行输入以下代码：

```
import tensorflow as tf

A = tf.constant([[1, 2], [3, 4]])
B = tf.constant([[5, 6], [7, 8]])
C = tf.matmul(A, B)

print(C)
```

如果最终能够输出如下代码：

```
tf.Tensor(
[[19 22]
[43 50]], shape=(2, 2), dtype=int32)
```

说明 TensorFlow 已安装成功。运行途中可能会输出一些 TensorFlow 的提示信息，属于正常现象。

> ▶ **导入 TensorFlow 时部分可能出现的错误信息及解决方案**
>
> 　　如果你在 Windows 下安装了 TensorFlow 2.1 正式版，可能会在导入 TensorFlow 时出现 DLL 载入错误。此时安装 Microsoft Visual C++ Redistributable for Visual Studio 2015, 2017 and 2019 即可正常使用。
>
> 　　如果你的 CPU 年代比较久远或型号较为低端（例如，英特尔的 Atom 系列处理器），可能会在导入 TensorFlow 时直接崩溃。这是由于 TensorFlow 在版本 1.6 及之后，在官方编译版本中默认加入了 AVX 指令集。如果你的 CPU 不支持 AVX 指令集就会报错（你可以在 Windows 下使用 CPU-Z，或在 Linux 下使用 `cat /proc/cpuinfo` 查看当前 CPU 的指令集支持）。此时，建议结合自己的软硬件环境，使用社区编译版本进行安装，例如 GitHub 上的 `yaroslavvb/tensorflow-community-wheels`，可以在该仓库的 Issue 中找到去除 AVX 支持后编译的 TensorFlow 版本。如果你的动手能力较强，也可以考虑在自己的平台下重新编译 TensorFlow。关于 CPU 指令集的更多内容可参考 17.5 节。

　　此处使用的是 Python 语言。关于 Python 语言的入门教程，可以参考《Python 编程：从入门到实践（第 2 版）》[①]、runoob 网站的 Python 3 教程或廖雪峰的 Python 教程，本书之后将默认读者拥有 Python 语言的基本知识。不用紧张，Python 语言易于上手，而 TensorFlow 本身也不会用到太多 Python 语言的高级特性。

1.4　IDE 设置

　　对于机器学习的研究者和从业者，建议使用 PyCharm 作为 Python 开发的 IDE。

　　在新建项目时，你需要选定项目的 Python 解释器（Python Interpreter），也就是用怎样的 Python 环境来运行你的项目。在安装部分，你所建立的每个 conda 虚拟环境其实都有一个独立的 Python 解释器，你只需要添加它们即可。选择 Add，并在下一级窗口中选择 "Existing Environment"，在 Interpreter 处选择 "Anaconda 安装目录" → "envs" → "要添加的 conda 环境名字" → "python.exe"（Linux 系统下无 .exe 后缀）并点击 "OK" 按钮。如果选中了 "Make available to all projects"，那么在所有项目中都可以选择该 Python 解释器。注意，在 Windows 系统下，Anaconda 的默认安装目录比较特殊，一般为 C:\Users\ 用户名 \Anaconda3\ 或 C:\Users\ 用户名 \AppData\Local\Continuum\anaconda3。此处的 AppData 是隐藏文件夹。

　　对于 TensorFlow 开发而言，PyCharm 专业版（Pycharm Professional）的一个非常有用特性是**远程调试**（remote debug）。当你编写程序时使用的终端机性能有限，但又有一台可使用 ssh 远程访问的高性能计算机（一般具有高性能的 GPU）时，远程调试功能可以让你在终端机上编写程序的同时，在远程计算机上调试和运行程序（尤其是训练模型）。你在终端机上对代码和

---

　　① 埃里克·马瑟斯著，袁国忠译，人民邮电出版社 2020 年出版。

数据的修改可以自动同步到远程计算机上，在实际使用的过程中如同在远程计算机上编写程序一般，这与游戏串流有异曲同工之处。不过远程调试对网络的稳定性要求较高，如果需要长时间训练模型，建议直接登录远程计算机的终端（在 Linux 系统下，可以结合 nohup 命令，让进程在后端运行，不受终端退出的影响）。关于远程调试功能的具体配置步骤，请查阅 PyCharm文档。

小技巧

如果你是学生并拥有以 ".edu" 结尾的邮箱，那么可以申请 PyCharm 的免费专业版。

对于 TensorFlow 及深度学习的业余爱好者或者初学者，Visual Studio Code 或者一些在线的交互式 Python 环境也是不错的选择。Colab 的使用方式可参考附录 C。

警告

如果你使用的是旧版本的 PyCharm，可能会在安装 TensorFlow 2 后出现部分代码自动补全功能丧失的问题。此时升级到新版的 PyCharm（2019.3 及以后版本）即可解决这一问题。

1.5*　TensorFlow 所需的硬件配置

提示

对于学习而言，TensorFlow 的硬件门槛并不高。只要你有一台能上网的计算机，借助免费的 Colab 或灵活的 GCP，就能够熟练掌握 TensorFlow！

在很多人的刻板印象中，学习 TensorFlow 乃至深度学习是一件非常"吃硬件"的事情，以至于一接触 TensorFlow，第一件事情可能就是思考如何升级自己的计算机硬件。其实，TensorFlow 所需的硬件配置很大程度上是根据任务和使用环境而定的。

❏ 对于 TensorFlow 初学者来说，无须硬件升级也可以很好地学习和掌握 TensorFlow。对于本书中的大部分教学示例，当前主流的个人计算机（即使没有 GPU）均可胜任，无须添置其他硬件设备。对于本书中的小部分计算量较大的示例（例如在猫狗分类数据集上训练卷积神经网络，详见 4.3 节），一块主流的 NVIDIA GPU 会大幅提高训练速度。如果自己的个人计算机难以胜任，可以考虑在云端（例如免费的 Colab）进行模型训练。

❏ 对于参加数据科学竞赛（比如 Kaggle）或者经常在本机进行训练的个人爱好者或开发者来说，一块高性能的 NVIDIA GPU 往往是必要的。显卡的 CUDA 核心数和显存大小是决定机器学习性能的两个关键参数，前者可以决定训练速度，后者可以决定能够训练多大的模型以及训练时的最大批次大小（batch size），对于较大规模的训练而言尤其敏感。

❑ 对于前沿的机器学习研究，尤其是计算机视觉和自然语言处理领域而言，多 GPU 并行训练是标准配置。为了通过快速迭代实验结果以及训练更大规模的模型以提升性能，4 卡、8 卡或更高的 GPU 数量是常态。

下面给出我在不同情况下使用的一些硬件配置，供大家参考。

❑ 在我编写本书的示例代码时，除了第 9 章和附录 C，其他部分均使用一台普通台式机（Intel i5 处理器，16 GB DDR3 内存，未使用 GPU）进行本地开发测试，部分计算量较大的模型使用了一块从网上购买的 NVIDIA P106-90（单卡 3 GB 显存）矿卡进行训练。

❑ 我在研究工作中，长年使用一块 NVIDIA GTX 1060 显卡（单卡 6 GB 显存）在本地环境下进行模型的基础开发和调试。

❑ 我所在的实验室使用一台 4 块 NVIDIA GTX 1080 Ti 显卡（单卡 11 GB 显存）并行的工作站和一台 10 块 NVIDIA GTX 1080 Ti 显卡（单卡 11 GB 显存）并行的服务器进行前沿计算机视觉模型的训练。

❑ 我合作过的公司使用 8 块 NVIDIA Tesla V100 显卡（单卡 32 GB 显存）并行的服务器进行前沿自然语言处理（如大规模机器翻译）模型的训练。

尽管科研机构或公司使用的计算硬件配置堪称豪华，不过与其他前沿科研领域（例如生物）动辄几十万、上百万的仪器费用相比，依然不算太贵，毕竟一台六七万元至二三十万元的主流深度学习服务器就可以供数位研究者使用很长时间。因此，机器学习的研究成本相对而言还是十分"平易近人"的。

由于硬件行情更新较快，不在此列出有关深度学习工作站的具体配置。读者可以关注"知乎问题"——《如何配置一台适用于深度学习的工作站？》，并结合最新市场情况进行配置。

第 2 章

TensorFlow 基础

本章介绍 TensorFlow 的基本操作。

> ▶ **前置知识**
> ❑ Python 基本操作
>   ▪ 赋值语句、分支语句及循环语句
>   ▪ 使用 import 导入库
> ❑ Python 的 with 语句
> ❑ NumPy（Python 下常用的科学计算库，TensorFlow 与之结合紧密）
> ❑ 向量和矩阵的基本运算
>   ▪ 矩阵的加减法
>   ▪ 矩阵与向量相乘
>   ▪ 矩阵与矩阵相乘
>   ▪ 矩阵的转置
> ❑ 函数的导数与多元函数求导
> ❑ 线性回归
> ❑ 梯度下降法求函数的局部最小值

2.1　TensorFlow 1+1

我们可以先简单地将 TensorFlow 视为一个科学计算库（类似于 Python 下的 NumPy）。

首先导入 TensorFlow：

```
import tensorflow as tf
```

警告

本书基于 TensorFlow 的即时执行模式。在 TensorFlow 1.x 版本中，必须在导入 TensorFlow 库后调用 tf.enable_eager_execution() 函数才能启用即时执行模式。在 TensorFlow 2 版本中，默认为即时执行模式，无须额外调用 tf.enable_eager_execution() 函数（调用 tf.compat.v1.disable_eager_execution() 函数可以关闭即时执行）。

TensorFlow 使用张量（tensor）作为数据的基本单位。TensorFlow 的张量在概念上等同于多维数组，我们可以使用它来描述数学中的标量（零维数组）、向量（一维数组）、矩阵（二维数组）等，示例如下：

```
# 定义一个随机数（标量）
random_float = tf.random.uniform(shape=())

# 定义一个有 2 个元素的零向量
zero_vector = tf.zeros(shape=(2))

# 定义两个 2×2 的常量矩阵
A = tf.constant([[1., 2.], [3., 4.]])
B = tf.constant([[5., 6.], [7., 8.]])
```

张量的重要属性是形状、类型和值，它们分别可以通过张量的 shape、dtype 属性和 numpy() 方法获得。例如：

```
# 查看矩阵 A 的形状、类型和值
print(A.shape)      # 输出 (2, 2)，即矩阵的长和宽均为 2
print(A.dtype)      # 输出 <dtype: 'float32'>
print(A.numpy())    # 输出 [[1. 2.]
                    #       [3. 4.]]
```

小技巧

TensorFlow 的大多数 API 函数会根据输入的值自动推断张量中元素的类型（一般默认为 tf.float32）。你也可以通过加入 dtype 参数来自行指定类型，例如 zero_vector = tf.zeros(shape=(2), dtype=tf.int32) 将使得张量中的元素类型均为整数。张量的 numpy() 方法是将张量的值转换为一个 NumPy 数组。

TensorFlow 中有大量的**操作**（operation），使得我们可以通过已有的张量运算得到新的张量。示例如下：

```
C = tf.add(A, B)    # 计算矩阵 A 和 B 的和
D = tf.matmul(A, B) # 计算矩阵 A 和 B 的乘积
```

操作完成后，C 和 D 的值分别为：

```
tf.Tensor(
[[ 6.  8.]
 [10. 12.]], shape=(2, 2), dtype=float32)
```

```
tf.Tensor(
[[19. 22.]
 [43. 50.]], shape=(2, 2), dtype=float32)
```

由此可见，我们成功使用 **tf.add()** 操作计算出 $\begin{bmatrix} 1 & 2 \\ 3 & 4 \end{bmatrix} + \begin{bmatrix} 5 & 6 \\ 7 & 8 \end{bmatrix} = \begin{bmatrix} 6 & 8 \\ 10 & 12 \end{bmatrix}$，使用 **tf.matmul()** 操作计算出 $\begin{bmatrix} 1 & 2 \\ 3 & 4 \end{bmatrix} \times \begin{bmatrix} 5 & 6 \\ 7 & 8 \end{bmatrix} = \begin{bmatrix} 19 & 22 \\ 43 & 50 \end{bmatrix}$。

2.2　自动求导机制

在机器学习中，我们经常需要计算函数的导数。TensorFlow 提供了强大的**自动求导机制**来计算导数。以下代码展示了如何使用 **tf.GradientTape()** 方法计算函数 $y(x) = x^2$ 在 $x = 3$ 时的导数：

```
import tensorflow as tf

x = tf.Variable(initial_value=3.)
with tf.GradientTape() as tape:       # 在 tf.GradientTape() 的上下文内，所有计算步骤都会被记录
                                      # 以用于求导
    y = tf.square(x)
y_grad = tape.gradient(y, x)          # 计算 y 关于 x 的导数
print([y, y_grad])
```

输出如下：

```
[array([9.], dtype=float32), array([6.], dtype=float32)]
```

这里的 x 是一个**变量**（variable），使用 tf.Variable() 声明。与普通张量一样，该变量同样具有形状、类型和值这 3 种属性。使用变量需要有一个初始化过程，可以通过在 tf.Variable() 中指定 initial_value 参数来设置初始值。这里将变量 x 初始化为 3.[①]。变量与普通张量的一个重要区别是，它默认能够被 TensorFlow 的自动求导机制求导，因此经常用于定义机器学习模型的参数。

tf.GradientTape() 是一个自动求导的记录器，其中的变量和计算步骤都会被自动记录。在上面的示例中，变量 x 和计算步骤 y = tf.square(x) 被自动记录，因此可以通过 y_grad = tape.gradient(y, x) 求张量 y 对变量 x 的导数。

在机器学习中，更加常见的是对多元函数求偏导数，以及对向量或矩阵求导。这些对于 TensorFlow 也不在话下，以下代码展示了如何使用 **tf.GradientTape()** 计算函数 $L(w,b) = \|Xw + b - y\|^2$ 在 $w = (1,2)^{\mathrm{T}}, b = 1$ 时分别对 w, b 的偏导数，其中 $X = \begin{bmatrix} 1 & 2 \\ 3 & 4 \end{bmatrix}$，$y = \begin{bmatrix} 1 \\ 2 \end{bmatrix}$：

```
X = tf.constant([[1., 2.], [3., 4.]])
y = tf.constant([[1.], [2.]])
```

---

① Python 中可以使用整数后加小数点来将该整数定义为浮点数类型。例如 3. 代表浮点数 3.0。

```
w = tf.Variable(initial_value=[[1.], [2.]])
b = tf.Variable(initial_value=1.)
with tf.GradientTape() as tape:
    L = tf.reduce_sum(tf.square(tf.matmul(X, w) + b - y))
w_grad, b_grad = tape.gradient(L, [w, b])          # 计算 L(w, b) 关于 w, b 的偏导数
print(L, w_grad, b_grad)
```

输出结果如下：

```
tf.Tensor(125.0, shape=(), dtype=float32)
tf.Tensor(
[[ 70.]
[100.]], shape=(2, 1), dtype=float32)
tf.Tensor(30.0, shape=(), dtype=float32)
```

tf.square() 用于对输入张量的每一个元素求平方，不改变张量的形状。**tf.reduce_sum()** 用于对输入张量的所有元素求和 [①]。TensorFlow 中有大量的张量操作 API，包括数学运算、张量形状操作（如 **tf.reshape()**）、切片和连接（如 **tf.concat()**）等多种类型，可以通过查阅 TensorFlow 的官方 API 文档进一步了解。

从输出可见，TensorFlow 帮助我们计算出了：

$$L((1,2)^T,1) = 125$$

$$\left.\frac{\partial L(w,b)}{\partial w}\right|_{w=(1,2)^T,b=1} = \begin{bmatrix} 70 \\ 100 \end{bmatrix}$$

$$\left.\frac{\partial L(w,b)}{\partial b}\right|_{w=(1,2)^T,b=1} = 30$$

2.3 基础示例：线性回归

下面考虑一个实际问题。某城市 2013 ~ 2017 年的房价如表 2-1 所示，现在我们希望通过对该数据进行线性回归分析，即使用线性模型 $y = ax + b$ 来拟合上述数据，此处 a 和 b 是待求的参数。

表 2-1　某城市 2013 ~ 2017 年的房价

年份（单位：年）	2013	2014	2015	2016	2017
房价（单位：元 / 平方米）	12 000	14 000	15 000	16 500	17 500

首先定义数据，进行基本的归一化操作：

---

① 该运算符默认输出一个形状为空的张量，即数学里的标量。可以通过 axis 参数来指定求和的维度，不指定则默认对所有元素求和。

```
import numpy as np

X_raw = np.array([2013, 2014, 2015, 2016, 2017], dtype=np.float32)
y_raw = np.array([12000, 14000, 15000, 16500, 17500], dtype=np.float32)

X = (X_raw - X_raw.min()) / (X_raw.max() - X_raw.min())
y = (y_raw - y_raw.min()) / (y_raw.max() - y_raw.min())
```

接下来，我们使用梯度下降法来求线性模型中参数 a 和参数 b 的值 [①]。

回顾机器学习的基础知识。对于多元函数 $f(x)$，求局部极小值。使用梯度下降法的过程如下。

(1) 初始化自变量为 x_0，计数器 k 为 0。
(2) 迭代执行下列步骤直到满足收敛条件。
　　① 求函数 $f(x)$ 关于自变量的梯度 $\nabla f(x_k)$。
　　② 更新自变量：$x_{k+1} = x_k - \gamma \nabla f(x_k)$。这里 γ 是学习率（也就是梯度下降一次迈出的"步子"大小）。
　　③ 将计数器 k 的值递增 1。

接下来，考虑如何使用程序来实现梯度下降法求得线性回归的解：

$$\min_{a,b} L(a,b) = \sum_{i=1}^{N} (ax_i + b - y_i)^2$$

2.3.1　NumPy 下的线性回归

机器学习模型的实现并不是 TensorFlow 的专利。事实上，对于简单的模型，使用常规的科学计算库或者工具就可以求解。在这里，我们使用 NumPy 这一通用的科学计算库来实现梯度下降法。NumPy 提供了对多维数组的支持，可以表示向量、矩阵以及更高维的张量。同时，它提供了大量支持在多维数组上进行操作的函数（比如用于求内积的 `np.dot()` 方法，用于求和的 `np.sum()` 方法）。在这方面，NumPy 和 MATLAB 比较类似。在以下代码中，我们手工求损失函数关于参数 a 和参数 b 的偏导数 [②]，并使用梯度下降法反复迭代，最终获得 a 和 b 的值：

```
a, b = 0, 0

num_epoch = 10000
learning_rate = 1e-3
for e in range(num_epoch):
    # 手动计算损失函数关于自变量（模型参数）的梯度
    y_pred = a * X + b
    grad_a, grad_b = 2 * (y_pred - y).dot(X), 2 * (y_pred - y).sum()
```

[①] 其实线性回归是有解析解的。这里使用梯度下降法只是为了展示 TensorFlow 的运作方式。
[②] 此处的损失函数为均方误差 $L(x) = \sum_{i=1}^{N} (ax_i + b - y_i)^2$，它关于参数 a 和 b 的偏导数为 $\dfrac{\partial L}{\partial a} = 2\sum_{i=1}^{N} (ax_i + b - y_i)x_i$，$\dfrac{\partial L}{\partial b} = 2\sum_{i=1}^{N} (ax_i + b - y_i)$。本例中 $N = 5$。由于均方误差取均值的系数 $\dfrac{1}{N}$ 在训练过程中一般为常数（N 一般为批次大小），对损失函数乘以常数等价于调整学习率，因此在具体实现时通常不写在损失函数中。

```
    # 更新参数
    a, b = a - learning_rate * grad_a, b - learning_rate * grad_b
print(a, b)
```

或许你已经注意到，使用常规的科学计算库实现机器学习模型有两个痛点。

❑ 经常需要手工求函数关于参数的偏导数。如果是简单的函数或许还好，但一旦函数的形式变得复杂（尤其是深度学习模型），手工求导的过程将变得非常复杂，甚至不可行。

❑ 经常需要手工根据求导结果更新参数。这里使用了最基础的梯度下降法，因此参数的更新较为容易。但如果使用更加复杂的参数更新方法（如 Adam、AdaGrad），这个更新过程的编写同样会非常复杂。

而 TensorFlow 等深度学习框架的出现很大程度上解决了这些痛点，为机器学习模型的实现带来了很大的便利。

2.3.2　TensorFlow 下的线性回归

TensorFlow 的**即时执行模式**与上述 NumPy 的运行方式十分类似，但它提供了硬件加速运算（GPU 支持）、自动求导、优化器等一系列对深度学习非常重要的功能。下面将展示如何使用 TensorFlow 计算线性回归。可以注意到，程序的结构和前述实现 NumPy 时的结构非常类似。这里 TensorFlow 帮助我们做了两件重要的工作。

（1）使用 tape.gradient(ys, xs) 自动计算梯度。

（2）使用 optimizer.apply_gradients(grads_and_vars) 自动更新模型参数。具体的代码如下：

```
X = tf.constant(X)
y = tf.constant(y)

a = tf.Variable(initial_value=0.)
b = tf.Variable(initial_value=0.)
variables = [a, b]

num_epoch = 10000
optimizer = tf.keras.optimizers.SGD(learning_rate=1e-3)
for e in range(num_epoch):
    # 使用 tf.GradientTape() 记录损失函数的梯度信息
    with tf.GradientTape() as tape:
        y_pred = a * X + b
        loss = tf.reduce_sum(tf.square(y_pred - y))
    # TensorFlow 自动计算损失函数关于自变量（模型参数）的梯度
    grads = tape.gradient(loss, variables)
    # TensorFlow 自动根据梯度更新参数
    optimizer.apply_gradients(grads_and_vars=zip(grads, variables))

print(a, b)
```

在这里，我们使用了前文的方式计算损失函数关于参数的偏导数。同时，使用 `tf.keras.optimizers.SGD(learning_rate=1e-3)` 声明了一个梯度下降**优化器**（optimizer），其学习率为 `1e-3`。优化器可以帮助我们根据计算出的求导结果更新模型参数，从而最小化某个特定的损失函数，具体使用方式是调用其 `apply_gradients()` 方法。

注意，更新模型参数的方法 `optimizer.apply_gradients()` 中需要提供参数 `grads_and_vars`，即待更新的变量（如上述代码中的 `variables`）和损失函数关于这些变量的偏导数（如上述代码中的 `grads`）。具体而言，这里需要传入一个 Python 列表（list），列表中的每个元素是一个（变量的偏导数，变量）对，比如这里是 `[(grad_a, a), (grad_b, b)]`。我们通过 `grads = tape.gradient(loss, variables)` 求出 tape 中记录的 `loss` 关于 `variables = [a, b]` 中每个变量的偏导数，也就是 `grads = [grad_a, grad_b]`，再使用 Python 的 `zip()` 函数将 `grads = [grad_a, grad_b]` 和 `variables = [a, b]` 拼装在一起，就可以组合出所需的参数了。

▶ Python 中的 `zip()` 函数

`zip()` 函数是 Python 中的内置函数，如图 2-1 所示。用语言描述这个函数的功能很绕口，但如果举个例子，就很容易理解了：如果 a = [1, 3, 5]，b = [2, 4, 6]，那么 `zip(a, b)` = [(1, 2), (3, 4), (5, 6)]。换句话说，将可迭代的对象作为参数，将对象中对应的元素打包成一个个元组，然后返回由这些元组组成的列表。在 Python 3 中，`zip()` 函数返回的是一个 `zip` 对象，它本质上是一个生成器，需要调用 `list()` 来将生成器转换成列表。

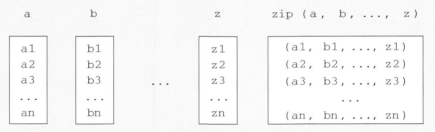

图 2-1　Python 中的 zip() 函数

在实际应用中，我们编写的模型往往比这里一行就能写完的线性模型 `y_pred = a * X + b`（模型参数为 `variables = [a, b]`）要复杂得多。所以，我们经常会编写并实例化一个模型类 `model = Model()`，然后使用 `y_pred = model(X)` 调用该模型，使用 `model.variables` 获取模型参数。关于模型类的编写方式，可见第 3 章。

第 3 章

TensorFlow 模型建立与训练

本章介绍如何使用 TensorFlow 快速搭建动态模型。

▶ **前置知识**

☐ Python 面向对象编程
- 在 Python 内定义类和方法，类的继承，构造函数和析构函数。
- 使用 super() 函数调用父类方法
- 使用 __call__() 方法对实例进行调用
☐ 多层感知器、卷积神经网络、循环神经网络和强化学习。
☐ Python 的函数装饰器（非必须）

3.1 模型与层

在 TensorFlow 中，推荐使用 Keras（tf.keras）构建模型。它是一个广为流行的高级神经网络 API，简单、快速而不失灵活性，已内置在 TensorFlow 中。

Keras 有两个重要的概念：**模型**（model）和**层**（layer）。层将各种计算流程和变量进行了封装（例如基本的全连接层、卷积神经网络的卷积层和池化层等），而模型则将各种层进行组织和连接，并封装成一个整体，描述了如何将输入的数据通过各种层以及运算得到输出。在需要模型调用的时候，使用 y_pred = model(X) 即可。Keras 在 tf.keras.layers 下内置了大量深度学习中常用的预定义层，同时也允许我们自定义层。

Keras 模型以类的形式呈现，我们可以通过继承 tf.keras.Model 这个 Python 类来定义自己的模型，如图 3-1 左部分"模型类定义"所示。

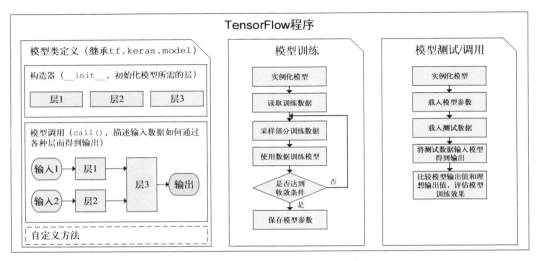

图 3-1　一个典型的 TensorFlow 程序结构

在继承类中，我们需要重写 __init__()（构造函数，初始化）和 call(input)（模型调用）两个方法，同时也可以根据需要增加自定义的方法，代码示例如下：

```python
class MyModel(tf.keras.Model):
    def __init__(self):
        super().__init__()      # Python 2 下使用 super(MyModel, self).__init__()
        # 此处添加初始化代码（包含 call() 方法中会用到的层），例如
        # layer1 = tf.keras.layers.BuiltInLayer(...)
        # layer2 = MyCustomLayer(...)

    def call(self, input):
        # 此处添加模型调用的代码（处理输入并返回输出），例如
        # x = layer1(input)
        # output = layer2(x)
        return output

    # 还可以添加自定义的方法
```

继承 tf.keras.Model 类后，我们就可以使用父类的若干方法和属性，例如在实例化类 model = Model() 后，可以通过 model.variables 这一属性直接获得模型的所有变量，免去我们一个一个显式指定变量的麻烦。

对于上一章中简单的线性模型 y_pred = a * X + b，我们可以通过模型类的方式实现，具体代码如下：

```python
import tensorflow as tf

X = tf.constant([[1.0, 2.0, 3.0], [4.0, 5.0, 6.0]])
y = tf.constant([[10.0], [20.0]])
```

```python
class Linear(tf.keras.Model):
    def __init__(self):
        super().__init__()
        self.dense = tf.keras.layers.Dense(
            units=1,
            activation=None,
            kernel_initializer=tf.zeros_initializer(),
            bias_initializer=tf.zeros_initializer()
        )

    def call(self, input):
        output = self.dense(input)
        return output

# 以下代码结构与 2.3.2 节类似
model = Linear()
optimizer = tf.keras.optimizers.SGD(learning_rate=0.01)
for i in range(100):
    with tf.GradientTape() as tape:
        y_pred = model(X)        # 调用模型 y_pred = model(X) 而不是显式写出 y_pred = a * X + b
        loss = tf.reduce_mean(tf.square(y_pred - y))
    grads = tape.gradient(loss, model.variables)    # 使用 model.variables 这一属性直接获得
                                                    # 模型中的所有变量
    optimizer.apply_gradients(grads_and_vars=zip(grads, model.variables))
print(model.variables)
```

这里，我们没有显式地声明 a 和 b 两个变量并写出 y_pred = a * X + b 这一线性变换，而是建立了一个继承了 tf.keras.Model 的模型类 Linear。该类在初始化部分实例化了一个全连接层（tf.keras.layers.Dense），并在 call() 方法中对这个层进行调用，实现了线性变换的计算。如果需要显式地声明自己的变量并使用变量进行自定义运算，或者希望了解 Keras 层的内部原理，请参考 3.7 节。

▶ **Keras 的全连接层：线性变换 + 激活函数**

全连接层（tf.keras.layers.Dense）是 Keras 中最基础和常用的层之一，能够对输入矩阵 A 进行 $f(AW+b)$ 的 "线性变换 + 激活函数" 操作。如果不指定激活函数，就是纯粹的线性变换 $AW+b$。具体而言，给定输入张量 input = [batch_size, input_dim]，该层对输入张量首先进行 tf.matmul(input, kernel) + bias 的线性变换（kernel 和 bias 是层中可训练的变量），然后将线性变换后张量的每个元素通过激活函数 activation 进行计算，从而输出形状为 [batch_size, units] 的二维张量，如图 3-2 所示。

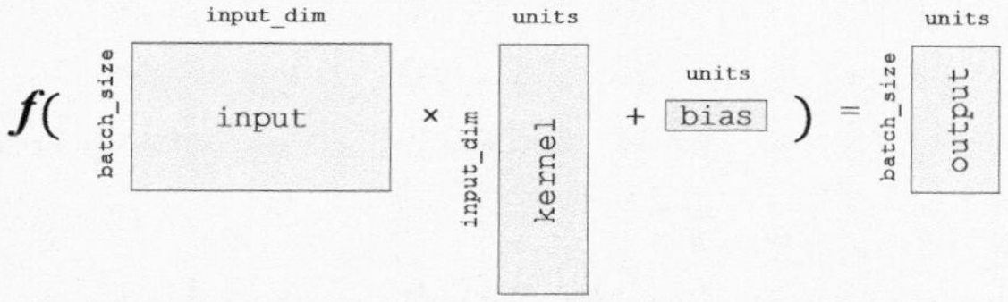

图 3-2 全连接层 "线性变换 + 激活函数" 示意

`tf.keras.layers.Dense` 包含的主要参数如下。

❏ `units`：输出张量的维度。
❏ `activation`：激活函数，对应 $f(AW+b)$ 中的 f，默认为无激活函数（ `a(x)` = `x` ）。常用的激活函数有 `tf.nn.relu`、`tf.nn.tanh` 和 `tf.nn.sigmoid`。
❏ `use_bias`：是否加入偏置向量 bias，即 $f(AW+b)$ 中的 b。默认为 True。
❏ `kernel_initializer`、`bias_initializer`：权重矩阵 kernel 和偏置向量 bias 两个变量的初始化器。默认为 `tf.glorot_uniform_initializer`[①]。设置为 `tf.zeros_initializer` 表示将两个变量均初始化为全 0。

全连接层包含权重矩阵 kernel = `[input_dim, units]` 和偏置向量 bias = `[units]`[②] 两个可训练变量，对应 $f(AW+b)$ 中的 W 和 b。

以上内容着重从数学矩阵运算和线性变换的角度描述了全连接层。基于神经元建模的描述可参考 3.2 节末尾的介绍。

▶ **为什么模型类重载 call() 方法而不是 __call__() 方法？**

在 Python 中，对类的实例 `myClass` 进行形如 `myClass()` 的调用等价于 `myClass.__call__()`。那么看起来，为了使用 `y_pred` = `model(X)` 的形式调用模型类，应该重写 `__call__()` 方法才对呀？重载 `call()` 方法的原因是，Keras 在模型调用的前后还需要有一些自己的内部操作，所以“暴露”出一个专门用于重载的 `call()` 方法。`tf.keras.Model` 这一父类已经包含 `__call__()` 的定义，`__call__()` 中主要调用了 `call()` 方法，同时还需要进行一些 Keras 的内部操作。这里，我们通过继承 `tf.keras.Model` 并重载 `call()` 的方法，即可在保持 Keras 结构的同时加入模型调用的代码。

3.2   基础示例：多层感知器 [③]

本节中，我们从编写一个最简单的多层感知器（multilayer perceptron，MLP），或者说“多层全连接神经网络”开始，介绍 TensorFlow 模型（如图 3-1 所示）的编写方式。在这一部分，我们将依次进行以下步骤。

(1) 使用 `tf.keras.datasets` 获得数据集并预处理。
(2) 使用 `tf.keras.Model` 和 `tf.keras.layers` 构建模型。

---

① Keras 中的很多层都默认使用 `tf.glorot_uniform_initializer` 初始化变量。
② 你可能会注意到，`tf.matmul(input, kernel)` 的结果是一个形状为 `[batch_size, units]` 的二维矩阵，这个二维矩阵要如何与形状为 `[units]` 的一维偏置向量 bias 相加呢？事实上，这里是 TensorFlow 的 Broadcasting 机制在起作用，该加法运算相当于给二维矩阵的每一行加上 bias。
③ 有关多层感知器的基础知识可以参考 UFLDL 教程的 Multi-Layer Neural Network 一节，以及斯坦福课程 *CS231n: Convolutional Neural Networks for Visual Recognition* 中的 Neural Networks Part 1 ~ Part 3。

(3) 构建模型训练流程，使用 `tf.keras.losses` 计算损失函数，并使用 `tf.keras.optimizer` 优化模型。

(4) 构建模型评估流程，使用 `tf.keras.metrics` 计算评估指标。

这里，我们使用多层感知器完成 MNIST 手写体数字图片数据集 LeCun1998 的分类任务，如图 3-3 所示。

图 3-3　MNIST 手写体数字图片示例

3.2.1　数据获取及预处理：`tf.keras.datasets`

先进行预备工作，实现一个简单的 `MNISTLoader` 类来读取 MNIST 数据集数据。这里使用了 `tf.keras.datasets` 快速载入 MNIST 数据集：

```python
class MNISTLoader():
    def __init__(self):
        mnist = tf.keras.datasets.mnist
        (self.train_data, self.train_label), (self.test_data, self.test_label) = mnist.
            load_data()
        # MNIST 中的图像默认为 uint8（0~255 的数字）。以下代码将其归一化为 0~1 的浮点数，并在最后
        # 增加一维作为颜色通道
        # [60000, 28, 28, 1]
        self.train_data = np.expand_dims(self.train_data.astype(np.float32) / 255.0, axis=-1)
        # [10000, 28, 28, 1]
        self.test_data = np.expand_dims(self.test_data.astype(np.float32) / 255.0, axis=-1)
        self.train_label = self.train_label.astype(np.int32)    # [60000]
        self.test_label = self.test_label.astype(np.int32)      # [10000]
        self.num_train_data, self.num_test_data = self.train_data.shape[0], self.test_data.
            shape[0]

    def get_batch(self, batch_size):
        # 从数据集中随机取出 batch_size 个元素并返回
        index = np.random.randint(0, np.shape(self.train_data)[0], batch_size)
        return self.train_data[index, :], self.train_label[index]
```

提示

`mnist = tf.keras.datasets.mnist` 将从网络上自动下载 MNIST 数据集并加载。如果运行时出现网络连接错误，可以从网上下载 MNIST 数据集（mnist.npz 文件），并将其放置于用户的 .keras/dataset 目录下（Windows 系统下的用户目录为 C:\Users\ 用户名，Linux 系统下的用户目录为 /home/ 用户名）。

▶ **TensorFlow 的图像数据表示**

在 TensorFlow 中，图像数据集的一种典型表示是形如 [图像数目 , 长 , 宽 , 色彩通道数] 的四维张量。在上面的 DataLoader 类中，self.train_data 和 self.test_data 分别载入了 60 000 张和 10 000 张大小为 28×28 的手写体数字图片。由于这里读入的是灰度图片，色彩通道数为 1（彩色 RGB 图像的色彩通道数为 3），所以我们使用 np.expand_dims() 函数手动地为图像数据在最后添加一维通道。

3.2.2　模型的构建：`tf.keras.Model` 和 `tf.keras.layers`

多层感知器中模型类的实现与 3.1 节中的线性模型类类似，均使用 tf.keras.Model 和 tf.keras.layers 构建，不同的地方在于增加了层数（顾名思义，"多层"感知器），以及引入了非线性激活函数（例如，这里使用了 ReLU 函数，即下方的 activation=tf.nn.relu）。在下方的多层感知器示例模型中，输入为若干张图片，输出则是为每张图片输出一个十维向量，其中每一维分别代表这张图片属于 0 到 9 的概率（例如，第二维为 0.7，代表该数字为 2 的概率为 0.7）。实现该模型的代码如下：

```
class MLP(tf.keras.Model):
    def __init__(self):
        super().__init__()
        self.flatten = tf.keras.layers.Flatten()    # Flatten 层将除第一维（batch_size）
                                                     # 以外的维度"展平"
        self.dense1 = tf.keras.layers.Dense(units=100, activation=tf.nn.relu)
        self.dense2 = tf.keras.layers.Dense(units=10)

    def call(self, inputs):         # [batch_size, 28, 28, 1]
        x = self.flatten(inputs)    # [batch_size, 784]
        x = self.dense1(x)          # [batch_size, 100]
        x = self.dense2(x)          # [batch_size, 10]
        output = tf.nn.softmax(x)
        return output
```

该模型的示意图如图 3-4 所示。

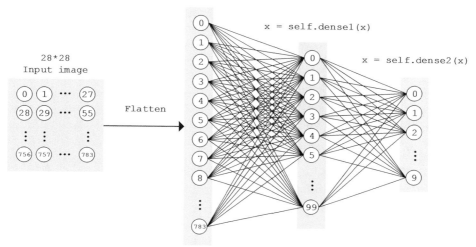

图 3-4　MLP 模型示意图

▶ softmax 函数

因为我们希望输出"图片分别属于 0 到 9 的概率",也就是一个十维的离散概率分布,所以这个十维向量至少满足下面两个条件。

❑ 向量中的每个元素均在 0 和 1 之间。
❑ 向量的所有元素之和为 1。

为了使模型的输出能始终满足这两个条件,我们使用 softmax 函数对模型的原始输出进行归一化,其形式为 $\sigma(z)_j = \dfrac{e^{z_j}}{\sum_{k=1}^{K} e^{z_k}}$。不仅如此,softmax 函数还能凸显原始向量中最大的值,并抑制远低于最大值的其他分量,这也是该函数被称作 softmax 函数的原因(即平滑化的 argmax 函数)。

3.2.3　模型的训练：`tf.keras.losses` 和 `tf.keras.optimizer`

首先我们定义一些模型超参数：

```
num_epochs = 5
batch_size = 50
learning_rate = 0.001
```

然后实例化模型和数据读取类,并实例化一个 `tf.keras.optimizer` 的优化器(这里使用常用的 Adam 优化器)：

```
model = MLP()
data_loader = MNISTLoader()
optimizer = tf.keras.optimizers.Adam(learning_rate=learning_rate)
```

接着迭代进行以下步骤。

(1) 从 DataLoader 中随机取一批训练数据。

(2) 将这批数据送入模型，计算出模型的预测值。

(3) 将模型预测值与真实值进行比较，计算损失函数（loss），这里使用 tf.keras.losses 中的交叉熵函数作为损失函数。

(4) 计算损失函数关于模型变量的导数。

(5) 将求出的导数值传入优化器，使用优化器的 apply_gradients 方法更新模型参数以最小化损失函数（优化器的详细使用方法见 2.3.2 节）。

具体代码实现如下：

```
num_batches = int(data_loader.num_train_data // batch_size * num_epochs)
for batch_index in range(num_batches):
    X, y = data_loader.get_batch(batch_size)
    with tf.GradientTape() as tape:
        y_pred = model(X)
        loss = tf.keras.losses.sparse_categorical_crossentropy(y_true=y, y_pred=y_pred)
        loss = tf.reduce_mean(loss)
        print("batch %d: loss %f" % (batch_index, loss.numpy()))
    grads = tape.gradient(loss, model.variables)
    optimizer.apply_gradients(grads_and_vars=zip(grads, model.variables))
```

▶ 交叉熵与 tf.keras.losses

你或许已经注意到了，我们在这里没有显式地写出一个损失函数，而是使用了 tf.keras.losses 中的 sparse_categorical_crossentropy（交叉熵）函数，将模型的预测值 y_pred 与真实的标签值 y 作为函数参数传入，由 Keras 帮助我们计算损失函数的值。

交叉熵作为损失函数，在分类问题中被广泛应用。其离散形式为 $H(y, \hat{y}) = -\sum_{i=1}^{n} y_i \log(\hat{y}_i)$，其中 y 为真实概率分布，$\hat{y}$ 为预测概率分布，n 为分类任务的类别数。预测概率分布与真实分布越接近，交叉熵的值越小，反之则越大。

在 tf.keras 中，有两个与交叉熵相关的损失函数：tf.keras.losses.categorical_crossentropy 和 tf.keras.losses.sparse_categorical_crossentropy。其中 sparse 的含义是，真实的标签值 y_true 可以直接传入 int 类型的标签类别。具体而言：

```
loss = tf.keras.losses.sparse_categorical_crossentropy(y_true=y, y_pred=y_pred)
```

与

```
loss = tf.keras.losses.categorical_crossentropy(
    y_true=tf.one_hot(y, depth=tf.shape(y_pred)[-1]),
    y_pred=y_pred
)
```

是等价的。

3.2.4 模型的评估：`tf.keras.metrics`

最后，我们使用测试集评估模型的性能。这里使用 `tf.keras.metrics` 中的 SparseCate-goricalAccuracy 评估器来评估模型在测试集上的性能，该评估器能够将模型预测的结果与真实结果进行比较，并输出预测正确的样本数与总样本数的比例。我们迭代测试数据集，每次通过 `update_state()` 方法向评估器输入 `y_pred` 和 `y_true` 两个参数，即模型预测出的结果和真实结果。评估器具有内部变量来保存当前评估指标相关的参数（例如当前已传入的累计样本数和当前预测正确的样本数）。迭代结束后，我们使用 `result()` 方法输出最终的评估指标值（预测正确的样本数与总样本数的比例）。

在以下代码中，我们实例化了一个 `tf.keras.metrics.SparseCategoricalAccuracy` 评估器，使用 for 循环迭代分批次传入了测试集数据的预测结果与真实结果，并输出训练后的模型在测试数据集上的准确率。

```
sparse_categorical_accuracy = tf.keras.metrics.SparseCategoricalAccuracy()
num_batches = int(data_loader.num_test_data // batch_size)
for batch_index in range(num_batches):
    start_index, end_index = batch_index * batch_size, (batch_index + 1) * batch_size
    y_pred = model.predict(data_loader.test_data[start_index: end_index])
    sparse_categorical_accuracy.update_state(
        y_true=data_loader.test_label[start_index: end_index], y_pred=y_pred)
print("test accuracy: %f" % sparse_categorical_accuracy.result())
```

输出结果为：

```
test accuracy: 0.947900
```

可以注意到，使用这样简单的模型，准确率已经可以达到 95% 左右。

▶ 人工神经网络的基本单位：人工神经元 [①]

如果我们将上面的神经网络放大来看，详细研究其计算过程，比如取第二层的第 *k* 个计算单元，可以得到如图 3-5 所示的示意图。

---

① 事实上，应当是先有神经元建模的概念，再有基于人工神经元和层结构的人工神经网络。但由于本书着重介绍 TensorFlow 的使用方法，所以调换了介绍顺序。

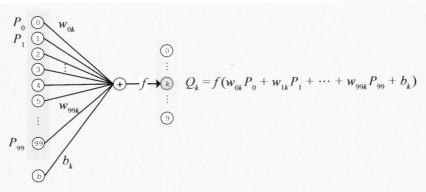

$$Q_k = f(w_{0k}P_0 + w_{1k}P_1 + \cdots + w_{99k}P_{99} + b_k)$$

图 3-5　人工神经元的计算模型

该计算单元 Q_k 有 100 个权值参数（w_{0k}, w_{1k}, $\cdots$, w_{99k}）和 1 个偏置参数 b_k。将第 1 层中的 100 个计算单元（P_0, P_1, $\cdots$, P_{99}）的值作为输入，分别按权值 w_{ik} 相加（即 $\sum_{i=0}^{99} w_{ik}P_i$），并加上偏置值 b_k，然后送入激活函数 f 进行计算，即得到输出结果。

事实上，这种结构和真实的神经细胞（神经元）类似。神经元由树突、胞体和轴突构成。树突接受其他神经元传来的信号作为输入（一个神经元可以有成千上万个树突），胞体对电位信号进行整合，而产生的信号则通过轴突传到神经末梢的突触，传播到下一个（或多个）神经元，如图 3-6 所示。

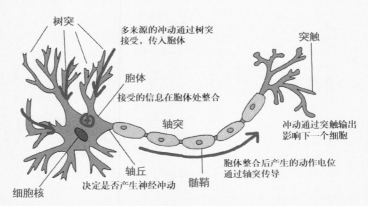

图 3-6　神经细胞模式图（修改自 Quasar Jarosz at English Wikipedia）

上面的计算单元可以被视作对神经元结构的数学建模。在上面的例子里，第二层的每一个计算单元（人工神经元）有 100 个权值参数和 1 个偏置参数，而第二层计算单元的数目是 10 个，因此全连接层的总参数量为 100 × 10 个权值参数和 10 个偏置参数。事实上，这正是该全连接层中的两个变量 kernel 和 bias 的形状。仔细研究一下，你会发现，这里基于神经元建模的介绍与上文基于矩阵计算的介绍是等价的。

3.3　卷积神经网络

卷积神经网络（convolutional neural network，CNN）是一种类似于人类或动物视觉系统结构的人工神经网络，包含一个或多个卷积层（convolutional layer）、池化层（pooling layer）和全连接层（fully-connected layer）。[①]

3.3.1　使用 Keras 实现卷积神经网络

卷积神经网络的实现与上节多层感知器的实现在代码结构上很类似，只是新加入了一些卷积层和池化层。这里的网络结构并不是唯一的，可以增加、删除或调整卷积神经网络的网络结构和参数，以达到更好的性能。实现卷积神经网络的示例代码如下：

```python
class CNN(tf.keras.Model):
    def __init__(self):
        super().__init__()
        self.conv1 = tf.keras.layers.Conv2D(
            filters=32,                  # 卷积层神经元（卷积核）的数目
            kernel_size=[5, 5],          # 感受野大小
            padding='same',              # padding 策略（vaild 或 same）
            activation=tf.nn.relu        # 激活函数
        )
        self.pool1 = tf.keras.layers.MaxPool2D(pool_size=[2, 2], strides=2)
        self.conv2 = tf.keras.layers.Conv2D(
            filters=64,
            kernel_size=[5, 5],
            padding='same',
            activation=tf.nn.relu
        )
        self.pool2 = tf.keras.layers.MaxPool2D(pool_size=[2, 2], strides=2)
        self.flatten = tf.keras.layers.Reshape(target_shape=(7 * 7 * 64,))
        self.dense1 = tf.keras.layers.Dense(units=1024, activation=tf.nn.relu)
        self.dense2 = tf.keras.layers.Dense(units=10)

    def call(self, inputs):
        x = self.conv1(inputs)          # [batch_size, 28, 28, 32]
        x = self.pool1(x)               # [batch_size, 14, 14, 32]
        x = self.conv2(x)               # [batch_size, 14, 14, 64]
        x = self.pool2(x)               # [batch_size, 7, 7, 64]
        x = self.flatten(x)             # [batch_size, 7 * 7 * 64]
        x = self.dense1(x)              # [batch_size, 1024]
        x = self.dense2(x)              # [batch_size, 10]
        output = tf.nn.softmax(x)
        return output
```

该卷积神经网络的结构如图 3-7 所示。

[①] 更多有关卷积神经网络的介绍，大家可以参考"台湾大学"李宏毅教授的《机器学习》课程的 Convolutional Neural Network 一章，UFLDL 教程 Convolutional Neural Network 一节，以及斯坦福课程 *CS231n: Convolutional Neural Networks for Visual Recognition* 中的 Module 2: Convolutional Neural Networks 部分。

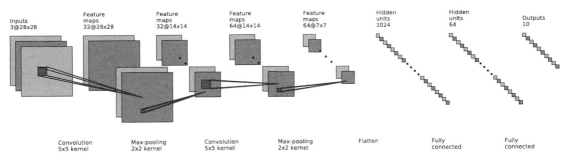

图 3-7   示例代码中的卷积神经网络结构

将上一节的 model = MLP() 更换成 model = CNN()，输出如下：

```
test accuracy: 0.988100
```

可以发现准确率相较于多层感知器有非常显著的提高。事实上，通过改变模型的网络结构（比如加入 Dropout 层防止过拟合），准确率还有进一步提升的空间。

3.3.2   使用 Keras 中预定义的经典卷积神经网络结构

tf.keras.applications 中有一些预定义的经典卷积神经网络结构，如 VGG16、VGG19、ResNet、MobileNet 等。我们可以直接调用这些经典的卷积神经网络结构（甚至载入预训练的参数），而无须手动定义网络结构。

例如，我们可以使用以下代码来实例化一个 MobileNetV2 网络结构：

```
model = tf.keras.applications.MobileNetV2()
```

当执行以上代码时，TensorFlow 会自动从网络上下载 MobileNetV2 网络结构，因此在第一次执行代码时需要具备网络连接。每个网络结构具有自己特定的详细参数设置，一些共通的常用参数如下。

- ❏ input_shape：输入张量的形状（不含第一维的批次大小），大多默认为 224 × 224 × 3。一般而言，模型对输入张量的大小有下限，长和宽至少为 32 × 32 或 75 × 75。
- ❏ include_top：在网络的最后是否包含全连接层，默认为 True。
- ❏ weights：预训练权值，默认为 'imagenet'，即当前模型载入在 ImageNet 数据集上预训练的权值。如需随机初始化变量，可将其设为 None。
- ❏ classes：分类数，默认为 1000。要修改该参数，需要满足 include_top 参数为 True 且 weights 参数为 None。

各网络模型参数的详细介绍可参考 Keras 文档。

▶ **设置训练状态**

对于一些预定义的经典模型，其中的某些层（例如 BatchNormalization）在训练和测试时的行为是不同的。因此，在训练模型时，需要手动设置训练状态，告诉模型"我现在是处于训练模型的阶段"。既可以通过 tf.keras.backend.set_learning_phase(True) 进行设置，也可以在调用模型时通过将参数 training 设为 True 来设置。

下面展示一个例子，使用 MobileNetV2 网络在 tf_flowers 五分类数据集上进行训练（为了让代码简短高效，在该示例中我们使用了 TensorFlow Datasets 和 tf.data 载入和预处理数据）。通过将 weights 设置为 None，我们随机初始化变量而不使用预训练权值。同时将 classes 设置为 5，对应五分类的数据集。

```python
import tensorflow as tf
import tensorflow_datasets as tfds

num_epoch = 5
batch_size = 19
learning_rate = 0.001

dataset = tfds.load("tf_flowers", split=tfds.Split.TRAIN, as_supervised=True)
dataset = dataset.map(lambda img, label: (tf.image.resize(img, (224, 224)) / 255.0, label)).
    shuffle(1024).batch(batch_size)
model = tf.keras.applications.MobileNetV2(weights=None, classes=5)
optimizer = tf.keras.optimizers.Adam(learning_rate=learning_rate)
for e in range(num_epoch):
    for images, labels in dataset:
        with tf.GradientTape() as tape:
            labels_pred = model(images, training=True)
            loss = tf.keras.losses.sparse_categorical_crossentropy(y_true=labels,
                y_pred=labels_pred)
            loss = tf.reduce_mean(loss)
                print("loss %f" % loss.numpy())
        grads = tape.gradient(loss, model.trainable_variables)
        optimizer.apply_gradients(grads_and_vars=zip(grads, model.trainable_variables))
    print(labels_pred)
    optimizer.apply_gradients(grads_and_vars=zip(grads, model.trainable_variables))
```

在后文的部分章节中（如分布式训练），我们也会直接调用这些经典的网络结构来进行训练。

▶ **卷积层和池化层的工作原理**

卷积层（以 tf.keras.layers.Conv2D 为代表）是卷积神经网络的核心组件，它的结构与大脑的视觉皮层有类似之处。

回忆我们之前建立的神经细胞的计算模型（人工神经元）以及全连接层，我们默认每个神经元与上一层的所有神经元相连。不过，在视觉皮层的神经元中，情况并不是这样。你或许在生物课上学习过**感受野**（receptive field）这一概念，即视觉皮层中的神经元并非与前一层的所有神经元相连，而只是感受一片区域内的视觉信号，并只对局部区域的视觉刺激进行反应。卷积神经网络中的卷积层正体现了这一特性。

例如，图 3-8 是一个 7×7 的单通道图片信号输入。

0	0	0	0	0	0	0
0	1	0	1	2	1	0
0	0	2	2	0	1	0
0	1	1	0	2	1	0
0	0	2	1	1	0	0
0	2	1	1	2	0	0
0	0	0	0	0	0	0

图 3-8　7×7 的单通道图片信号输入

如果使用之前基于全连接层的模型，我们需要让每个输入信号对应一个权值，即建模一个神经元需要 $7 \times 7 = 49$ 个权值（加上偏置项是 50 个），并得到一个输出信号。如果一层有 N 个神经元，我们就需要 $49N$ 个权值，并得到 N 个输出信号。

而在卷积神经网络的卷积层中，我们这样建模一个卷积层的神经元，如图 3-9 所示。

0	0	0	0	0	0	0
0	1	0	1	2	1	0
0	0	2	2	0	1	0
0	1	1	0	2	1	0
0	0	2	1	1	0	0
0	2	1	1	2	0	0
0	0	0	0	0	0	0

图 3-9　建模一个卷积层的神经元

图中 3×3 的红框代表该神经元的感受野。由此，我们只需 $3 \times 3 = 9$ 个权值 $\boldsymbol{W} = \begin{bmatrix} w_{1,1} & w_{1,2} & w_{1,3} \\ w_{2,1} & w_{2,2} & w_{2,3} \\ w_{3,1} & w_{3,2} & w_{3,3} \end{bmatrix}$，外加 1 个偏置项 b，即可得到一个输出信号。例如，对于红框所示的位置，输出信号为对矩阵 $\begin{bmatrix} 0 \times w_{1,1} & 0 \times w_{1,2} & 0 \times w_{1,3} \\ 0 \times w_{2,1} & 1 \times w_{2,2} & 0 \times w_{2,3} \\ 0 \times w_{3,1} & 0 \times w_{3,2} & 2 \times w_{3,3} \end{bmatrix}$ 的所有元素求和并加上偏置项 b，记作 $a_{1,1}$。

不过，3×3 的范围显然不足以处理整个图像，因此我们使用滑动窗口的方法。使用相同的参数 $\boldsymbol{W}$，但将红框在图像中从左到右滑动，进行逐行扫描，每滑动到一个位置就计算一个值。例如，当红框向右移动一个单位时，我们计算矩阵 $\begin{bmatrix} 0\times w_{1,1} & 0\times w_{1,2} & 0\times w_{1,3} \\ 1\times w_{2,1} & 0\times w_{2,2} & 1\times w_{2,3} \\ 0\times w_{3,1} & 2\times w_{3,2} & 1\times w_{3,3} \end{bmatrix}$ 的所

有元素的和加上偏置项 b，记作 $a_{1,2}$。由此，和一般的神经元只能输出 1 个值不同，这里的

卷积层神经元可以输出一个 5×5 的矩阵 $A = \begin{bmatrix} a_{1,1} & \cdots & a_{1,5} \\ \vdots & & \vdots \\ a_{5,1} & \cdots & a_{5,5} \end{bmatrix}$。

下面我们使用 TensorFlow 来验证一下图 3-10 所示卷积过程的计算结果。

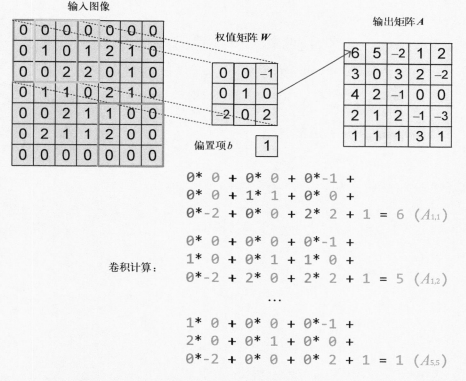

图 3-10　卷积示意图（一个单通道的 7×7 图像在通过一个感受野为 3×3、参数为 10 个的卷
积层神经元后，得到 5×5 的矩阵作为卷积结果）

将图 3-10 中的输入图像、权值矩阵 W 和偏置项 b 表示为 NumPy 数组 image、W 和 b，
具体如下：

```
# TensorFlow 的图像表示为 [图像数目 , 长 , 宽 , 色彩通道数] 的四维张量
# 这里我们的输入图像 image 的张量形状为 [1, 7, 7, 1]
```

```
image = np.array([[
    [0, 0, 0, 0, 0, 0, 0],
    [0, 1, 0, 1, 2, 1, 0],
    [0, 0, 2, 2, 0, 1, 0],
    [0, 1, 1, 0, 2, 1, 0],
    [0, 0, 2, 1, 1, 0, 0],
    [0, 0, 0, 0, 0, 0, 0]
]], dtype=np.float32)
image = np.expand_dims(image, axis=-1)
W = np.array([[
    [ 0, 0, -1],
    [ 0, 1, 0 ],
    [-2, 0, 2 ]
]], dtype=np.float32)
b = np.array([1], dtype=np.float32)
```

然后建立一个仅有一个卷积层的模型，用 W 和 b 初始化①：

```
model = tf.keras.models.Sequential([
    tf.keras.layers.Conv2D(
        filters=1,                                  # 卷积层神经元（卷积核）数目
        kernel_size=[3, 3],                         # 感受野大小
        kernel_initializer=tf.constant_initializer(W),
        bias_initializer=tf.constant_initializer(b)
    )]
)
```

最后将图像数据 image 输入模型，打印输出：

```
output = model(image)
print(tf.squeeze(output))
```

程序的运行结果为：

```
tf.Tensor(
[[ 6.  5. -2.  1.  2.]
 [ 3.  0.  3.  2. -2.]
 [ 4.  2. -1.  0.  0.]
 [ 2.  1.  2. -1. -3.]
 [ 1.  1.  1.  3.  1.]], shape=(5, 5), dtype=float32)
```

可见与图 3-10 中矩阵 A 的值一致。

还有一个问题，以上假设图片都只有一个通道（例如灰度图片），但如果图像是彩色的（例如有 RGB 三个通道），该怎么办呢？此时，我们可以为每个通道准备一个 3×3 的权值矩阵，即一共有 $3 \times 3 \times 3 = 27$ 个权值。对于每个通道，均使用自己的权值矩阵进行处理，输出时将多个通道所输出的值进行加和即可。

---

① 这里使用了较为简易的 Sequential 模式建立模型，具体介绍见 3.6.1 节。

可能有读者会注意到，按照上述介绍的方法，每次卷积后的结果相比于原始图像而言，四周都会"少一圈"。比如上面 7×7 的图像，卷积后变成了 5×5，这有时会为后面的工作带来麻烦。因此，我们可以设定 padding 策略。在 tf.keras.layers.Conv2D 中，当我们将 padding 参数设为 same 时，会将周围缺少的部分使用 0 补齐，使得输出的矩阵大小和输入一致。

最后，既然我们可以使用滑动窗口的方法进行卷积，那么每次滑动的步长是不是可以设置呢？答案是肯定的。通过 tf.keras.layers.Conv2D 的 strides 参数即可设置步长（默认为 1）。比如，在上面的例子中，如果我们将步长设定为 2，输出的卷积结果会是一个 3×3 的矩阵。

事实上，卷积的形式多种多样，以上的介绍只是其中最简单和基础的一种。更多卷积方式的示例可见 GitHub 上的 vdumoulin/conv_arithmetic。

池化层的理解则简单得多，其可以理解为对图像进行降采样的过程，对于每一次滑动窗口中的所有值，输出其中的最大值（即 Max Pooling）、均值或其他方法产生的值。例如，对于一个三通道的 16×16 图像（即一个 16×16×3 的张量），经过感受野为 2×2、滑动步长为 2 的池化层，则得到一个 8×8×3 的张量。

3.4　循环神经网络

循环神经网络（recurrent neural network，RNN）是一种适宜处理序列数据的神经网络，被广泛用于语言模型、文本生成、机器翻译等。这里，我们使用循环神经网络来进行尼采风格文本的自动生成。

这个任务的本质是预测一段英文文本的接续字母的概率分布。比如，我们有以下句子：

```
I am a studen
```

这个句子（序列）一共有 13 个字符（包含空格）。当阅读到这个由 13 个字符组成的序列后，根据我们的经验，我们可以预测出下一个字符很大概率是 "t"。我们希望建立这样一个模型，逐个输入一段长为 seq_length 的序列，输出这些序列接续的下一个字符的概率分布。我们从下一个字符的概率分布中采样作为预测值，然后"滚雪球"式地生成下两个字符、下三个字符等，即可完成文本的生成任务。

首先，还是实现一个简单的 DataLoader 类来读取文本，并以字符为单位进行编码。设字符种类数为 num_chars，则每种字符赋予一个 0 到 num_chars - 1 之间的唯一整数编号 i：

```python
class DataLoader():
    def __init__(self):
        path = tf.keras.utils.get_file('nietzsche.txt',
            origin='https://s3.amazonaws.com/text-datasets/nietzsche.txt')
```

```python
        with open(path, encoding='utf-8') as f:
            self.raw_text = f.read().lower()
        self.chars = sorted(list(set(self.raw_text)))
        self.char_indices = dict((c, i) for i, c in enumerate(self.chars))
        self.indices_char = dict((i, c) for i, c in enumerate(self.chars))
        self.text = [self.char_indices[c] for c in self.raw_text]

    def get_batch(self, seq_length, batch_size):
        seq = []
        next_char = []
        for i in range(batch_size):
            index = np.random.randint(0, len(self.text) - seq_length)
            seq.append(self.text[index:index+seq_length])
            next_char.append(self.text[index+seq_length])
        return np.array(seq), np.array(next_char)   # [batch_size, seq_length], [num_batch]
```

接下来进行模型的实现。在 __init__ 方法中我们实例化一个常用的 LSTMCell 单元，以及一个线性变换用的全连接层，我们首先对序列进行 "One Hot" 操作，即将序列中每个字符的编码 i 均变换为一个 num_char 维向量，其第 i 位为 1，其余均为 0。变换后的序列张量形状为 [seq_length, num_chars]。然后，我们初始化 RNN 单元的状态，存入变量 state 中。接下来，将序列从头到尾依次送入 RNN 单元，即在 t 时刻，将上一个时刻 $t-1$ 的 RNN 单元状态 state 和序列的第 t 个元素 inputs[t, :] 送入 RNN 单元，得到当前时刻的输出 output 和 RNN 单元状态，如图 3-11 所示。取 RNN 单元最后一次的输出，通过全连接层变换到 num_chars 维，即作为模型的输出。RNN 的运行流程如图 3-12 所示。

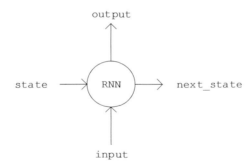

图 3-11　*output, state = self.cell(inputs[:, t, :], state)* 图示

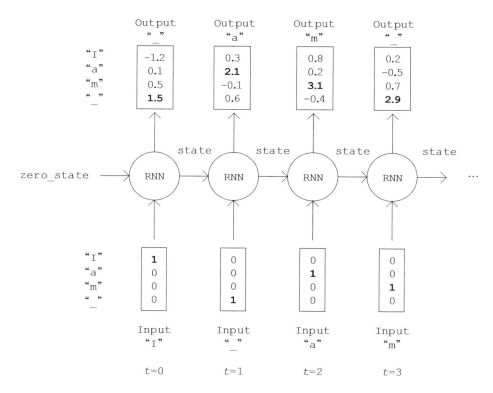

图 3-12　RNN 运行流程

具体实现如下：

```python
class RNN(tf.keras.Model):
    def __init__(self, num_chars, batch_size, seq_length):
        super().__init__()
        self.num_chars = num_chars
        self.seq_length = seq_length
        self.batch_size = batch_size
        self.cell = tf.keras.layers.LSTMCell(units=256)
        self.dense = tf.keras.layers.Dense(units=self.num_chars)

    def call(self, inputs, from_logits=False):
        # [batch_size, seq_length, num_chars]
        inputs = tf.one_hot(inputs, depth=self.num_chars)
        state = self.cell.get_initial_state(batch_size=self.batch_size, dtype=tf.float32)
        for t in range(self.seq_length):
            output, state = self.cell(inputs[:, t, :], state)
        logits = self.dense(output)
        if from_logits:
            return logits
        else:
            return tf.nn.softmax(logits)
```

定义一些模型超参数：

```
num_batches = 1000
seq_length = 40
batch_size = 50
learning_rate = 1e-3
```

训练过程与前节基本一致，在此复述：

☐ 从 DataLoader 中随机取一批训练数据；
☐ 将这批数据送入模型，计算出模型的预测值；
☐ 将模型预测值与真实值进行比较，计算损失函数（loss）；
☐ 计算损失函数关于模型变量的导数；
☐ 使用优化器更新模型参数以最小化损失函数。

```
data_loader = DataLoader()
model = RNN(num_chars=len(data_loader.chars), batch_size=batch_size, seq_length=seq_length)
optimizer = tf.keras.optimizers.Adam(learning_rate=learning_rate)
for batch_index in range(num_batches):
    X, y = data_loader.get_batch(seq_length, batch_size)
    with tf.GradientTape() as tape:
        y_pred = model(X)
        loss = tf.keras.losses.sparse_categorical_crossentropy(y_true=y, y_pred=y_pred)
        loss = tf.reduce_mean(loss)
        print("batch %d: loss %f" % (batch_index, loss.numpy()))
    grads = tape.gradient(loss, model.variables)
    optimizer.apply_gradients(grads_and_vars=zip(grads, model.variables))
```

关于文本生成的过程有一点需要特别注意。之前，我们一直使用 `tf.argmax()` 函数，将对应概率最大的值作为预测值。然而对于文本生成而言，这样的预测方式过于绝对，会使得生成的文本失去丰富性。于是，我们使用 `np.random.choice()` 函数按照生成的概率分布取样。这样，即使是对应概率较小的字符，也有机会被取样到。同时，我们加入一个 `temperature` 参数控制分布的形状，参数值越大则分布越平缓（最大值和最小值的差值越小），生成文本的丰富度越高；参数值越小则分布越陡峭，生成文本的丰富度越低。

```
def predict(self, inputs, temperature=1.):
    batch_size, _ = tf.shape(inputs)
    logits = self(inputs, from_logits=True)
    prob = tf.nn.softmax(logits / temperature).numpy()
    return np.array([np.random.choice(self.num_chars, p=prob[i, :])
                     for i in range(batch_size.numpy())])
```

通过这种方式进行"滚雪球"式的连续预测，即可得到生成文本。

```
X_, _ = data_loader.get_batch(seq_length, 1)
for diversity in [0.2, 0.5, 1.0, 1.2]:
    X = X_
    print("diversity %f:" % diversity)
```

```
for t in range(400):
    y_pred = model.predict(X, diversity)
    print(data_loader.indices_char[y_pred[0]], end='', flush=True)
    X = np.concatenate([X[:, 1:], np.expand_dims(y_pred, axis=1)], axis=-1)
print("\n")
```

生成的文本如下：

diversity 0.200000:
conserted and conseive to the conterned to it is a self--and seast and the selfes as a
seast the expecience and and and the self--and the sered is a the enderself and the sersed
and as a the concertion of the series of the self in the self--and the serse and and the
seried enes and seast and the sense and the eadure to the self and the present and as a to
the self--and the seligious and the enders

diversity 0.500000:
can is reast to as a seligut and the complesed
has fool which the self as it is a the beasing and us immery and seese for entoured
underself of the seless and the sired a mears and everyther to out every sone thes and
reapres and seralise as a streed liees of the serse to pease the cersess of the selung the
elie one of the were as we and man one were perser has persines and conceity of all self-el

diversity 1.000000:
entoles by
their lisevers de weltaale, arh pesylmered, and so jejurted count have foursies as is
descinty iamo; to semplization refold, we dancey or theicks-welf--atolitious on his
such which
here
oth idey of pire master, ie gerw their endwit in ids, is an trees constenved mase commars
is leed mad decemshime to the mor the elige. the fedies (byun their ope wopperfitious--
antile and the it as the f

diversity 1.200000:
cain, elvotidue, madehoublesily
inselfy!--ie the rads incults of to prusely le]enfes patuateded:.--a coud--theiritibaior
"nrallysengleswout peessparify oonsgoscess teemind thenry ansken suprerial mus, cigitioum:
4reas. whouph: who
eved
arn inneves to sya" natorne. hag open reals whicame oderedte,[fingo is
zisternethta simalfule dereeg hesls lang-lyes thas quiin turjentimy; periaspedey tomm--
whach

▶ 循环神经网络的工作过程

　　循环神经网络是一个处理时间序列数据的神经网络结构，也就是说，我们需要在脑海里有一根时间轴，循环神经网络具有初始状态 s_0，在每个时间点 t 迭代对当前时间的输入 x_t 进行处理，修改自身的状态 s_t，并进行输出 o_t。

　　循环神经网络的核心是状态 s，是一个特定维数的向量，类似于神经网络的"记忆"。在 $t = 0$ 的初始时刻，s_0 被赋予一个初始值（常用的为全 0 向量）。然后，我们用类似于递归的方法来描述循环神经网络的工作过程。即在 t 时刻，我们假设 s_{t-1} 已经求出，关注如何在

此基础上求出 s_t：

- ❏ 对输入向量 x_t 通过矩阵 U 进行线性变换，Ux_t 与状态 s 具有相同的维度；
- ❏ 对 s_{t-1} 通过矩阵 W 进行线性变换，Ws_{t-1} 与状态 s 具有相同的维度；
- ❏ 将上述得到的两个向量相加并通过激活函数，作为当前状态 s_t 的值，即 $s_t = f(Ux_t + Ws_{t-1})$。
  也就是说，当前状态的值是上一个状态的值和当前输入进行某种信息整合而产生的；
- ❏ 对当前状态 s_t 通过矩阵 V 进行线性变换，得到当前时刻的输出 o_t。

RNN 的工作过程如图 3-13 所示。我们假设输入向量 x_t、状态 s 和输出向量 o_t 的维度分别为 m、n、p，则 $U \in \mathbb{R}^{m \times n}$、$W \in \mathbb{R}^{n \times n}$、$V \in \mathbb{R}^{n \times p}$。

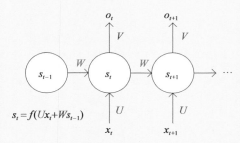

图 3-13　RNN 工作过程

上述为最基础的 RNN 原理介绍。在实际使用时往往使用一些常见的改进型，如 LSTM（长短期记忆神经网络，解决了长序列的梯度消失问题，适用于较长的序列）、GRU 等。

3.5　深度强化学习

强化学习（reinforcement learning，RL）强调如何基于环境而行动，以取得最大化的预期利益。结合了深度学习技术后的强化学习更是如虎添翼。这两年广为人知的 AlphaGo 即是深度强化学习（DRL）的典型应用。

> **注解**
>
> 可参考本书附录 A 获得强化学习的基础知识。

这里，我们使用深度强化学习玩 CartPole（倒立摆）游戏，如图 3-14 所示。倒立摆是控制论中的经典问题，在这个游戏中，一根杆的底部与一个小车通过轴相连，而杆的重心在轴之上，因此是一个不稳定的系统。在重力的作用下，杆很容易倒下。我们需要控制小车在水平的轨道上进行左右运动，使得杆一直保持竖直平衡状态。

```
episode 112, epsilon 0.010000, score 358
episode 113, epsilon 0.010000, score 158
episode 114, epsilon 0.010000, score 156
```

图 3-14　CartPole 游戏

　　我们使用 OpenAI 推出的 Gym 环境库中的 CartPole 游戏环境，可使用 pip install gym 进行安装。和 Gym 的交互过程很像是一个回合制游戏，我们首先获得游戏的初始状态（比如杆的初始角度和小车位置），然后在每个回合，我们都需要在当前可行的动作中选择一个并交由 Gym 执行（比如向左或者向右推动小车，每个回合中二者只能择一），Gym 在执行动作后，会返回动作执行后的下一个状态和当前回合所获得的奖励值（比如我们选择向左推动小车并执行后，小车位置更加偏左，而杆的角度更加偏右，Gym 将新的角度和位置返回给我们。而如果在这一回合杆仍没有倒下，Gym 同时返回给我们一个小的正奖励）。这个过程可以一直迭代下去，直到游戏终止（比如杆倒下了）。在 Python 中，Gym 的基本调用方法如下：

```python
import gym

env = gym.make('CartPole-v1')     # 实例化一个游戏环境，参数为游戏名称
state = env.reset()               # 初始化环境，获得初始状态
while True:
    env.render()                  # 对当前帧进行渲染，绘图到屏幕
    action = model.predict(state) # 假设我们有一个训练好的模型，能够通过当前状态预测出这时
                                  # 应该进行的动作
    # 让环境执行动作，获得执行完动作的下一个状态，动作的奖励，游戏是否已结束以及额外信息
    next_state, reward, done, info = env.step(action)
    if done:                      # 如果游戏结束，则退出循环
        break
```

　　那么，我们的任务就是训练出一个模型，能够根据当前的状态预测出应该进行的一个好的动作。粗略地说，一个好的动作应当能够最大化整个游戏过程中获得的奖励之和，这也是强化学习的目标。以 CartPole 游戏为例，我们的目标是希望做出合适的动作使得杆一直不倒，即游戏交互的回合数尽可能多。而每进行一回合，我们都会获得一个小的正奖励，回合数越多则累积的奖励值也越高。因此，我们最大化游戏过程中的奖励之和与我们的最终目标是一致的。

以下代码展示了如何使用深度强化学习中的 Deep Q-Learning 方法来训练模型。首先，我们引入 TensorFlow、Gym 和一些常用库，并定义一些模型超参数：

```python
import tensorflow as tf
import numpy as np
import gym
import random
from collections import deque

num_episodes = 500                      # 游戏训练的总 episode 数量
num_exploration_episodes = 100    # 探索过程所占的 episode 数量
max_len_episode = 1000               # 每个 episode 的最大回合数
batch_size = 32                           # 批次大小
learning_rate = 1e-3                     # 学习率
gamma = 1.                                # 折扣因子
initial_epsilon = 1.                       # 探索起始时的探索率
final_epsilon = 0.01                      # 探索终止时的探索率
```

然后，我们使用 `tf.keras.Model` 建立一个 Q 函数网络，用于拟合 Q-Learning 中的 Q 函数。这里我们使用较简单的多层全连接神经网络进行拟合。该网络输入当前状态，输出各个动作下的 Q-Value（CartPole 下为二维，即向左和向右推动小车）。

```python
class QNetwork(tf.keras.Model):
    def __init__(self):
        super().__init__()
        self.dense1 = tf.keras.layers.Dense(units=24, activation=tf.nn.relu)
        self.dense2 = tf.keras.layers.Dense(units=24, activation=tf.nn.relu)
        self.dense3 = tf.keras.layers.Dense(units=2)

    def call(self, inputs):
        x = self.dense1(inputs)
        x = self.dense2(x)
        x = self.dense3(x)
        return x

    def predict(self, inputs):
        q_values = self(inputs)
        return tf.argmax(q_values, axis=-1)
```

最后，我们在主程序中实现 Q-Learning 算法。

```python
if __name__ == '__main__':
    env = gym.make('CartPole-v1')           # 实例化一个游戏环境，参数为游戏名称
    model = QNetwork()
    optimizer = tf.keras.optimizers.Adam(learning_rate=learning_rate)
    replay_buffer = deque(maxlen=10000) # 使用一个 deque 作为 Q-Learning 的经验回放池
    epsilon = initial_epsilon
    for episode_id in range(num_episodes):
        state = env.reset()                     # 初始化环境，获得初始状态
        epsilon = max(                          # 计算当前探索率
            initial_epsilon * (num_exploration_episodes - episode_id) / num_exploration_episodes,
```

```
        final_epsilon)
for t in range(max_len_episode):
    env.render()                                    # 对当前帧进行渲染，绘图到屏幕
    # epsilon-greedy 探索策略，以 epsilon 的概率选择随机动作
    if random.random() < epsilon:
        action = env.action_space.sample()          # 选择随机动作（探索）
    else:
        # 选择模型计算出的 Q-Value 最大的动作
        action = model.predict(np.expand_dims(state, axis=0)).numpy()
        action = action[0]

    # 让环境执行动作，获得执行完动作的下一个状态、动作的奖励，游戏是否已结束以及额外信息
    next_state, reward, done, info = env.step(action)
    # 如果游戏结束，给予大的负奖励
    reward = -10. if done else reward
    # 将 (state, action, reward, next_state) 的四元组（外加 done 标签表示是否结束）放入
    # 经验回放池
    replay_buffer.append((state, action, reward, next_state, 1 if done else 0))
    # 更新当前状态
    state = next_state

    if done:                                        # 如果游戏结束，则退出本轮循环，进行下一个 episode
        print("episode %d, epsilon %f, score %d" % (episode_id, epsilon, t))
        break

    if len(replay_buffer) >= batch_size:
        # 从经验回放池中随机取一个批次的四元组，并分别转换为 NumPy 数组
        batch_state, batch_action, batch_reward, batch_next_state, batch_done = zip(
            *random.sample(replay_buffer, batch_size))
        batch_state, batch_reward, batch_next_state, batch_done = \
            [np.array(a, dtype=np.float32) for a in [batch_state, batch_reward,
                batch_next_state, batch_done]]
        batch_action = np.array(batch_action, dtype=np.int32)

        q_value = model(batch_next_state)
        y = batch_reward + (gamma * tf.reduce_max(q_value, axis=1)) * (1 - batch_
            done)  # 计算 y 值
        with tf.GradientTape() as tape:
            loss = tf.keras.losses.mean_squared_error(  # 最小化 y 和 Q-Value 的距离
                y_true=y,
                y_pred=tf.reduce_sum(model(batch_state) * tf.one_hot(batch_action,
                    depth=2), axis=1)
            )
        grads = tape.gradient(loss, model.variables)
        # 计算梯度并更新参数
        optimizer.apply_gradients(grads_and_vars=zip(grads, model.variables))
```

对于不同的任务（或者说环境），我们可以根据任务的特点，设计不同的状态以及采取合适的网络来拟合 Q 函数。例如，如果我们考虑经典的打砖块游戏（Gym 环境库中的 Breakout-v0），每执行一次动作（挡板向左、向右或不动），都会返回一个 210 * 160 * 3 的 RGB 图片，表示当前屏幕画面。为了给打砖块游戏这个任务设计合适的状态表示，我们有以下分析。

- □ 砖块的颜色信息并不是很重要，画面转换成灰度也不影响操作，因此可以去除状态中的颜色信息（即将图片转为灰度表示）。
- □ 小球移动的信息很重要，如果只知道单帧画面而不知道小球往哪边运动，即使是人也很难判断挡板应当移动的方向。因此，必须在状态中加入表征小球运动方向的信息。一个简单的方式是将当前帧与前面几帧的画面进行叠加，得到一个 210 * 160 * X（X 为叠加帧数）的状态表示。
- □ 每帧的分辨率不需要特别高，只要能大致表征方块、小球和挡板的位置以做出决策即可，因此对于每帧的长宽可做适当压缩。

而考虑到我们需要从图像信息中提取特征，使用卷积神经网络作为拟合 Q 函数的网络将更为适合。由此，将上面的 QNetwork 更换为卷积神经网络，并对状态做一些修改，即可用于玩一些简单的视频游戏。

3.6* Keras Pipeline

以上示例均使用了 Keras 的 Subclassing API 建立模型，即对 `tf.keras.Model` 类进行扩展以定义自己的新模型，同时手工编写了训练和评估模型的流程。这种方式灵活度高，且与其他流行的深度学习框架（如 PyTorch、Chainer）共通，是本书所推荐的方法。不过在很多时候，我们只需要建立一个结构相对简单和典型的神经网络（比如上文中的 MLP 和 CNN），并使用常规的手段进行训练。这时，Keras 也给我们提供了另一套更为简单高效的内置方法来建立、训练和评估模型。

3.6.1 Keras Sequential / Functional API 模式建立模型

最典型和常用的神经网络结构是将若干层按特定顺序叠加起来，那么，我们是不是只需要提供一个层的列表，就能由 Keras 将它们自动首尾相连，形成模型呢？ Keras 的 Sequential API 正是如此。通过向 `tf.keras.models.Sequential()` 提供一个层的列表，就能快速地建立一个 `tf.keras.Model` 模型：

```
model = tf.keras.models.Sequential([
    tf.keras.layers.Flatten(),
    tf.keras.layers.Dense(100, activation=tf.nn.relu),
    tf.keras.layers.Dense(10),
    tf.keras.layers.Softmax()
])
```

不过，这种层叠结构并不能表示任意的神经网络结构。为此，Keras 提供了 Functional API，帮助我们建立更为复杂的模型，例如多输入 / 输出或存在参数共享的模型。其使用方法是将层作为可调用的对象并返回张量，并将输入向量和输出向量提供给 `tf.keras.Model` 的 inputs 和 outputs 参数，示例如下：

```
inputs = tf.keras.Input(shape=(28, 28, 1))
x = tf.keras.layers.Flatten()(inputs)
x = tf.keras.layers.Dense(units=100, activation=tf.nn.relu)(x)
x = tf.keras.layers.Dense(units=10)(x)
outputs = tf.keras.layers.Softmax()(x)
model = tf.keras.Model(inputs=inputs, outputs=outputs)
```

3.6.2 使用 Keras Model 的 compile、fit 和 evaluate 方法训练和评估模型

当模型建立完成后，可以通过 `tf.keras.Model` 的 compile 方法配置训练过程：

```
model.compile(
    optimizer=tf.keras.optimizers.Adam(learning_rate=0.001),
    loss=tf.keras.losses.sparse_categorical_crossentropy,
    metrics=[tf.keras.metrics.sparse_categorical_accuracy]
)
```

`tf.keras.Model.compile` 接受 3 个主要参数。

❑ oplimizer：优化器，可从 `tf.keras.optimizers` 中选择。
❑ loss：损失函数，可从 `tf.keras.losses` 中选择。
❑ metrics：评估指标，可从 `tf.keras.metrics` 中选择。

接下来，可以使用 `tf.keras.Model` 的 fit 方法训练模型：

```
model.fit(data_loader.train_data, data_loader.train_label, epochs=num_epochs,
    batch_size=batch_size)
```

`tf.keras.Model.fit` 接受 5 个主要参数。

❑ x：训练数据。
❑ y：目标数据（数据标签）。
❑ epochs：将训练数据迭代多少遍。
❑ batch_size：批次的大小。
❑ validation_data：验证数据，可用于在训练过程中监控模型的性能。

Keras 支持使用 `tf.data.Dataset` 进行训练，详见 4.3 节。

最后，可以使用 `tf.keras.Model.evaluate` 评估训练效果，提供测试数据及标签即可：

```
print(model.evaluate(data_loader.test_data, data_loader.test_label))
```

3.7* 自定义层、损失函数和评估指标

可能你还会问，当现有的层无法满足我的要求，需要定义自己的层怎么办？事实上，我们不仅可以继承 `tf.keras.Model` 编写自己的模型类，也可以继承 `tf.keras.layers.Layer` 编写自己的层。

3.7.1 自定义层

自定义层需要继承 **tf.keras.layers.Layer** 类，并重写 **__init__**、build 和 call 三个方法，如下所示：

```
class MyLayer(tf.keras.layers.Layer):
    def __init__(self):
        super().__init__()
        # 初始化代码

    def build(self, input_shape):     # input_shape 是一个 TensorShape 类型对象，提供输入的形状
        # 在第一次使用该层的时候调用该部分代码，在这里创建变量可以使得变量的形状自适应输入的形状
        # 而不需要使用者额外指定变量形状
        # 如果已经可以完全确定变量的形状，也可以在 __init__ 部分创建变量
        self.variable_0 = self.add_weight(...)
        self.variable_1 = self.add_weight(...)

    def call(self, inputs):
        # 模型调用的代码（处理输入并返回输出）
        return output
```

例如，如果我们要自己实现一个 3.1 节中的全连接层（**tf.keras.layers.Dense**），可以按如下方式编写。此代码在 build 方法中创建两个变量，并在 call 方法中使用创建的变量进行运算：

```
class LinearLayer(tf.keras.layers.Layer):
    def __init__(self, units):
        super().__init__()
        self.units = units

    def build(self, input_shape):     # 这里 input_shape 是第一次运行 call() 时参数 inputs 的形状
        self.w = self.add_variable(name='w',
            shape=[input_shape[-1], self.units], initializer=tf.zeros_initializer())
        self.b = self.add_variable(name='b',
            shape=[self.units], initializer=tf.zeros_initializer())

    def call(self, inputs):
        y_pred = tf.matmul(inputs, self.w) + self.b
        return y_pred
```

在定义模型的时候，我们便可以如同 Keras 中的其他层一样，调用我们自定义的层 LinearLayer：

```
class LinearModel(tf.keras.Model):
    def __init__(self):
        super().__init__()
        self.layer = LinearLayer(units=1)

    def call(self, inputs):
        output = self.layer(inputs)
        return output
```

3.7.2 自定义损失函数和评估指标

自定义损失函数需要继承 tf.keras.losses.Loss 类，重写 call 方法即可，输入真实值 y_true 和模型预测值 y_pred，输出模型预测值和真实值之间通过自定义的损失函数计算出的损失值。下面的示例为均方差损失函数：

```
class MeanSquaredError(tf.keras.losses.Loss):
    def call(self, y_true, y_pred):
        return tf.reduce_mean(tf.square(y_pred - y_true))
```

自定义评估指标需要继承 tf.keras.metrics.Metric 类，并重写 __init__、update_state 和 result 三个方法。下面的示例重新实现了前面用到的 SparseCategoricalAccuracy 评估指标类：

```
class SparseCategoricalAccuracy(tf.keras.metrics.Metric):
    def __init__(self):
        super().__init__()
        self.total = self.add_weight(name='total', dtype=tf.int32, initializer=tf.zeros_
            initializer())
        self.count = self.add_weight(name='count', dtype=tf.int32, initializer=tf.zeros_
            initializer())

    def update_state(self, y_true, y_pred, sample_weight=None):
        values = tf.cast(tf.equal(y_true, tf.argmax(y_pred, axis=-1, output_type=tf.int32)),
            tf.int32)
        self.total.assign_add(tf.shape(y_true)[0])
        self.count.assign_add(tf.reduce_sum(values))

    def result(self):
        return self.count / self.total
```

第 4 章

TensorFlow 常用模块

▶ **前置知识**

❏ Python 的序列化模块 Pickle（非必须）
❏ Python 的特殊函数参数 **kwargs（非必须）
❏ Python 的迭代器

4.1 tf.train.Checkpoint: 变量的保存与恢复

警告

　　tf.train.Checkpoint（检查点）只保存模型的参数，不保存模型的计算过程，因此一般用于在具有模型源代码时恢复之前训练好的模型参数。如果需要导出模型（无须源代码也能运行模型），请参考 5.1 节。

　　很多时候，我们希望在模型训练完成后能将训练好的参数（变量）保存起来，这样在需要使用模型的其他地方载入模型和参数，就能直接得到训练好的模型。可能你第一个想到的是用 Python 的序列化模块 pickle 存储 model.variables。但不幸的是，TensorFlow 的变量类型 ResourceVariable 并不能被序列化。

　　好在 TensorFlow 提供了 tf.train.Checkpoint 这一强大的变量保存与恢复类，使用它的 save() 和 restore() 方法可以保存和恢复 TensorFlow 中的大部分对象[①]。具体而言，tf.keras.optimizer、tf.Variable、tf.keras.Layer 或者 tf.keras.Model 实例都可以被保存，使用方法非常简单，我们首先声明一个 Checkpoint:

```
checkpoint = tf.train.Checkpoint(model=model)
```

　　这里 tf.train.Checkpoint() 接受的初始化参数比较特殊，是一个 **kwargs。具体而言，是一系列的键值对，键名可以随意取，值为需要保存的对象。例如，如果我们希望保存一个继

---

　　① 更精确地说，是所有包含 Checkpointable State 的对象。

承 tf.keras.Model 的模型实例 model 和一个继承 tf.train.Optimizer 的优化器 optimizer，我们可以这样写：

```
checkpoint = tf.train.Checkpoint(myAwesomeModel=model, myAwesomeOptimizer=optimizer)
```

这里，myAwesomeModel 是我们为待保存的模型 model 所取的任意键名。注意，在恢复变量的时候，我们还将使用这一键名。

接下来，当模型训练完成需要保存的时候，使用以下代码即可：

```
checkpoint.save(save_path_with_prefix)
```

其中 save_path_with_prefix 是保存文件的目录 + 前缀。

> **注解**
>
> 　　如果在源代码目录建立一个名为 save 的文件夹并调用一次 checkpoint.save('./save/model.ckpt')，我们就可以在 save 目录下发现名为 checkpoint、model.ckpt-1.index、model.ckpt-1.data-00000-of-00001 的 3 个文件,这些文件记录了变量信息。checkpoint.save() 方法可以运行多次，每运行一次都会得到一个 .index 文件和一个 .data 文件，序号依次累加。

当需要在其他地方为模型重新载入之前保存的参数时，应再次实例化一个 Checkpoint（注意保持键名一致）。然后调用 Checkpoint 的 restore() 方法即可恢复模型变量，代码如下：

```
# 待恢复参数的同一模型
model_to_be_restored = MyModel()
# 键名保持为 "myAwesomeModel"
checkpoint = tf.train.Checkpoint(myAwesomeModel=model_to_be_restored)
checkpoint.restore(save_path_with_prefix_and_index)
```

save_path_with_prefix_and_index 是之前保存的文件目录 + 前缀 + 序号。例如，调用 checkpoint.restore('./save/model.ckpt-1') 就可以载入前缀为 model.ckpt、序号为 1 的文件来恢复模型。

当保存了多个文件时，我们往往想载入最近的一个。可以使用辅助函数 tf.train.latest_checkpoint(save_path) 返回目录下最近一次检查点的文件名。比如 save 目录下有 model.ckpt-1.index 到 model.ckpt-10.index 这样 10 个保存文件，tf.train.latest_checkpoint('./save') 即返回 ./save/model.ckpt-10。

总体而言，恢复与保存变量的典型代码框架如下：

```
# train.py 模型训练阶段

model = MyModel()
```

```
# 实例化 Checkpoint，指定保存对象为 model（如果需要保存 Optimizer 的参数也可加入）
checkpoint = tf.train.Checkpoint(myModel=model)
# ...（模型训练代码）
# 模型训练完毕后将参数保存到文件（也可以在模型训练过程中每隔一段时间就保存一次）
checkpoint.save('./save/model.ckpt')
# test.py 模型使用阶段

model = MyModel()
checkpoint = tf.train.Checkpoint(myModel=model)          # 实例化 Checkpoint，指定恢复对象为 model
checkpoint.restore(tf.train.latest_checkpoint('./save'))      # 从文件恢复模型参数
# 模型使用代码
```

注解

　　与以前版本常用的 **tf.train.Saver** 相比，**tf.train.Checkpoint** 的强大之处在于它支持在即时执行模式下"延迟"恢复变量。具体而言，在调用了 checkpoint.restore()，但模型中的变量还没有被建立的时候，**tf.train.Checkpoint** 可以先不进行值的恢复，等到变量被建立的时候再进行。在即时执行模式下，模型中各层的初始化和变量的建立是在模型第一次被调用的时候才进行的（好处是可以根据输入张量的形状自动确定变量的形状，无须手动指定），这意味着当模型刚被实例化时（里面还一个变量都没有）使用以往的方式去恢复变量数值是一定会报错的。比如，你可以试试在 train.py 中调用 tf.keras.Model 的 save_weight() 方法保存模型的参数，并在 test.py 中实例化模型，然后立即调用 load_weight() 方法，就会出错，只有当调用了一遍模型后再运行 load_weight() 方法才能得到正确的结果。可见，**tf.train.Checkpoint** 在这种情况下可以给我们带来相当大的便利。另外，**tf.train. Checkpoint** 同时也支持图执行模式。

　　最后，以第 3 章的多层感知器模型为例展示模型变量的保存和载入：

```
import tensorflow as tf
import numpy as np
import argparse
from zh.model.mnist.mlp import MLP
from zh.model.utils import MNISTLoader

parser = argparse.ArgumentParser(description='Process some integers.')
parser.add_argument('--mode', default='train', help='train or test')
parser.add_argument('--num_epochs', default=1)
parser.add_argument('--batch_size', default=50)
parser.add_argument('--learning_rate', default=0.001)
args = parser.parse_args()
data_loader = MNISTLoader()


def train():
    model = MLP()
    optimizer = tf.keras.optimizers.Adam(learning_rate=args.learning_rate)
    num_batches = int(data_loader.num_train_data // args.batch_size * args.num_epochs)
```

```
checkpoint = tf.train.Checkpoint(myAwesomeModel=model)        # 实例化 Checkpoint, 设置保存
                                                              # 对象为 model
for batch_index in range(1, num_batches+1):
    X, y = data_loader.get_batch(args.batch_size)
    with tf.GradientTape() as tape:
        y_pred = model(X)
        loss = tf.keras.losses.sparse_categorical_crossentropy(y_true=y, y_pred=y_pred)
        loss = tf.reduce_mean(loss)
        print("batch %d: loss %f" % (batch_index, loss.numpy()))
    grads = tape.gradient(loss, model.variables)
    optimizer.apply_gradients(grads_and_vars=zip(grads, model.variables))
    if batch_index % 100 == 0:                               # 每隔 100 个批次保存一次
        path = checkpoint.save('./save/model.ckpt')         # 保存模型参数到文件
        print("model saved to %s" % path)


def test():
    model_to_be_restored = MLP()
    # 实例化 Checkpoint, 设置恢复对象为新建立的模型 model_to_be_restored
    checkpoint = tf.train.Checkpoint(myAwesomeModel=model_to_be_restored)
    checkpoint.restore(tf.train.latest_checkpoint('./save'))    # 从文件恢复模型参数
    y_pred = np.argmax(model_to_be_restored.predict(data_loader.test_data), axis=-1)
    print("test accuracy: %f" % (sum(y_pred == data_loader.test_label) / data_loader.num_
        test_data))

if __name__ == '__main__':
    if args.mode == 'train':
        train()
    if args.mode == 'test':
        test()
```

在代码目录下建立 save 文件夹并运行代码进行训练后，save 文件夹内将会存放每隔 100 个批次保存一次的模型变量数据。在命令行参数中加入 --mode=test 并再次运行代码，将直接使用最后一次保存的变量值恢复模型并在测试集上测试模型性能，可以直接获得 95% 左右的准确率。

> **使用 tf.train.CheckpointManager 删除旧的 Checkpoint 以及自定义文件编号**

在模型的训练过程中，我们往往每隔一定步数保存一个 Checkpoint 并进行编号。不过很多时候我们会有这样的需求。

☐ 在长时间的训练后，程序会保存大量的 Checkpoint，但我们只想保留最后几个 Checkpoint。

☐ Checkpoint 默认从 1 开始编号，每次累加 1，但我们可能希望使用别的编号方式，例如使用当前训练批次的编号作为文件编号。

这时，我们可以使用 TensorFlow 的 tf.train.CheckpointManager 来实现以上需求。具体而言，在定义 Checkpoint 后接着定义一个 CheckpointManager：

```
checkpoint = tf.train.Checkpoint(model=model)
manager = tf.train.CheckpointManager(checkpoint, directory='./save', checkpoint_name=
    'model.ckpt', max_to_keep=k)
```

此处参数 `directory` 为文件保存路径，`checkpoint_name` 为文件名前缀（不提供则默认为 ckpt），`max_to_keep` 为保留的 Checkpoint 数目。

在需要保存模型的时候，我们直接使用 `manager.save()` 即可。如果我们希望自行指定保存的 Checkpoint 的编号，可以在保存时加入 `checkpoint_number` 参数，例如 `manager.save(checkpoint_number=100)`。

4.2　TensorBoard：训练过程可视化

有时，你希望查看模型训练过程中各个参数的变化情况（例如损失函数 loss 的值）。虽然可以通过命令行输出来查看，但可能不够直观。TensorBoard 就是一个能够帮助我们将训练过程可视化的工具。

4.2.1　实时查看参数变化情况

首先在代码目录下建立一个文件夹（如 `./tensorboard`）存放 TensorBoard 的记录文件，并在代码中实例化一个记录器：

```
summary_writer = tf.summary.create_file_writer('./tensorboard')  # 参数为记录文件所保存的目录
```

当需要记录训练过程中的参数时，通过 `with` 语句指定希望使用的记录器，并对需要记录的参数（一般是标量）运行 `tf.summary.scalar(name, tensor, step=batch_index)`，即可将训练过程中参数在 `step` 时的值记录下来。这里的 `step` 参数可根据自己的需要自行设置，一般可设置为当前训练过程中的批次序号。整体框架如下：

```
summary_writer = tf.summary.create_file_writer('./tensorboard')
# 开始模型训练
for batch_index in range(num_batches):
    # ...（训练代码，将当前 batch 的损失值放入变量 loss 中）
    with summary_writer.as_default():                                    # 希望使用的记录器
        tf.summary.scalar("loss", loss, step=batch_index)
        tf.summary.scalar("MyScalar", my_scalar, step=batch_index)    # 还可以添加其他自定义的
                                                                         # 变量
```

每运行一次 `tf.summary.scalar()`，记录器就会向记录文件中写入一条记录。除了最简单的标量以外，TensorBoard 还可以对其他类型的数据（如图像、音频等）进行可视化，详见 TensorBoard 文档。

当我们要对训练过程可视化时，在代码目录打开终端（如需要的话进入 TensorFlow 的 conda
环境），运行：

```
tensorboard --logdir=./tensorboard
```

然后使用浏览器访问命令行程序所输出的网址（一般是 http:// 计算机名称 :6006），即可
访问 TensorBoard 的可视界面，如图 4-1 所示。

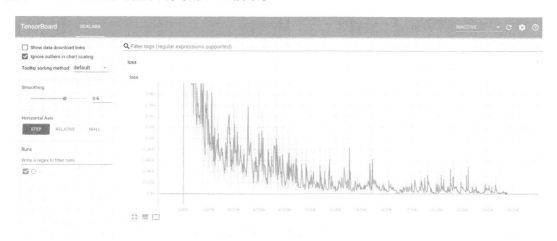

图 4-1　TensorBoard 的可视界面

在默认情况下，TensorBoard 每 30 秒更新一次数据。不过也可以点击右上角的刷新按钮手
动刷新。

TensorBoard 的使用有以下注意事项。

❑ 如果需要重新训练，那么删除掉记录文件夹内的信息并重启 TensorBoard（或者建立一个
　新的记录文件夹并开启 TensorBoard，将 --logdir 参数设置为新建立的文件夹）。
❑ 记录文件夹目录须保持全英文。

4.2.2　查看 Graph 和 Profile 信息

除此以外，我们可以在训练时使用 tf.summary.trace_on 开启 Trace，此时 TensorFlow 会
将训练时的大量信息（如计算图的结构、每个操作所耗费的时间等）记录下来。在训练完成后，
使用 tf.summary.trace_export 将记录结果输出到文件：

```
tf.summary.trace_on(graph=True, profiler=True)  # 开启 Trace, 可以记录图结构和 profile 信息
# 进行训练
with summary_writer.as_default():
    # 保存 Trace 信息到文件
    tf.summary.trace_export(name="model_trace", step=0, profiler_outdir=log_dir)
```

之后，我们就可以在 TensorBoard 的菜单中选择 PROFILE，以时间轴方式查看各操作的耗时情况，如图 4-2 所示。如果使用了 @tf.function（详见 4.5 节）建立计算图，也可以点击 GRAPHS 查看图结构，如图 4-3 所示。

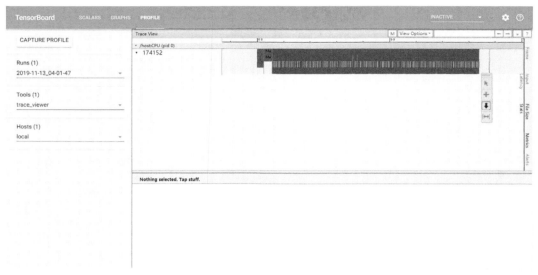

图 4-2　PROFILE 界面

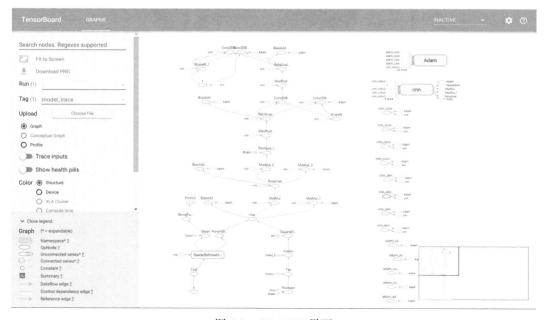

图 4-3　GRAPHS 界面

4.2.3 实例：查看多层感知器模型的训练情况

最后提供一个实例，以上一章的多层感知器模型为例展示 TensorBoard 的使用：

```python
import tensorflow as tf
from zh.model.mnist.mlp import MLP
from zh.model.utils import MNISTLoader

num_batches = 1000
batch_size = 50
learning_rate = 0.001
log_dir = 'tensorboard'
model = MLP()
data_loader = MNISTLoader()
optimizer = tf.keras.optimizers.Adam(learning_rate=learning_rate)
summary_writer = tf.summary.create_file_writer(log_dir)      # 实例化记录器
tf.summary.trace_on(profiler=True)  # 开启 Trace（可选）
for batch_index in range(num_batches):
    X, y = data_loader.get_batch(batch_size)
    with tf.GradientTape() as tape:
        y_pred = model(X)
        loss = tf.keras.losses.sparse_categorical_crossentropy(y_true=y, y_pred=y_pred)
        loss = tf.reduce_mean(loss)
        print("batch %d: loss %f" % (batch_index, loss.numpy()))
        with summary_writer.as_default():                    # 指定记录器
            tf.summary.scalar("loss", loss, step=batch_index) # 将当前损失函数的值写入
                                                             # 记录器
    grads = tape.gradient(loss, model.variables)
    optimizer.apply_gradients(grads_and_vars=zip(grads, model.variables))
with summary_writer.as_default():
    # 保存 Trace 信息到文件（可选）
    tf.summary.trace_export(name="model_trace", step=0, profiler_outdir=log_dir)
```

4.3 tf.data：数据集的构建与预处理

很多时候，我们希望使用自己的数据集来训练模型。然而，面对大量格式不一的原始数据文件，将其预处理并读入程序的过程往往十分烦琐，甚至比模型的设计还要耗费精力。为了读入一批图像文件，我们可能需要纠结于 Python 的各种图像处理包（比如 pillow），自己设计 Batch 的生成方式，最后还可能在运行的效率上不尽如人意。为此，TensorFlow 提供了 tf.data 模块，它包括了一套灵活的数据集构建 API，能够帮助我们快速、高效地构建数据输入的流水线，尤其适用于数据量巨大的场景。

4.3.1 数据集对象的建立

tf.data 的核心是 tf.data.Dataset 类，提供了对数据集的高层封装。tf.data.Dataset 由一系列可迭代访问的元素（element）组成，每个元素包含一个或多个张量。比如说，对于一

个由图像组成的数据集，每个元素可以是一个形状为"长 × 宽 × 通道数"的图片张量，也可以是由图片张量和图片标签张量组成的元组（tuple）。

建立 tf.data.Dataset 的最基本方法是使用 tf.data.Dataset.from_tensor_slices()，该方法适用于数据量较小（能够将数据全部装进内存）的情况。如果数据集中的所有元素通过张量的第 0 维拼接成一个大的张量（例如，3.2 节 MNIST 数据集的训练集为一个 [60000, 28, 28, 1] 的张量，表示了 60 000 张 28×28 的单通道灰度图像），那么提供这样的张量或者第 0 维大小相同的多个张量作为输入，就可以按张量的第 0 维展开来构建数据集，数据集的元素数量为张量第 0 维的大小。具体示例如下：

```
import tensorflow as tf
import numpy as np

X = tf.constant([2013, 2014, 2015, 2016, 2017])
Y = tf.constant([12000, 14000, 15000, 16500, 17500])

# 也可以使用 NumPy 数组，效果相同
# X = np.array([2013, 2014, 2015, 2016, 2017])
# Y = np.array([12000, 14000, 15000, 16500, 17500])

dataset = tf.data.Dataset.from_tensor_slices((X, Y))

for x, y in dataset:
    print(x.numpy(), y.numpy())
```

输出代码如下：

```
2013 12000
2014 14000
2015 15000
2016 16500
2017 17500
```

警告

当提供多个张量作为输入时，张量的第 0 维大小必须相同，且必须将多个张量作为元组（即使用 Python 中的小括号）拼接并作为输入。

类似地，我们可以载入上一章的 MNIST 数据集：

```
import matplotlib.pyplot as plt

(train_data, train_label), (_, _) = tf.keras.datasets.mnist.load_data()
# [60000, 28, 28, 1]
train_data = np.expand_dims(train_data.astype(np.float32) / 255.0, axis=-1)
mnist_dataset = tf.data.Dataset.from_tensor_slices((train_data, train_label))

for image, label in mnist_dataset:
```

```
plt.title(label.numpy())
plt.imshow(image.numpy()[:, :, 0])
plt.show()
```

输出结果如图 4-4 所示。

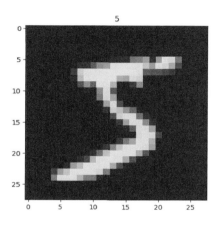

图 4-4　输出结果

提示

　　TensorFlow Datasets 提供了一个基于 **tf.data.Datasets** 的开箱即用的数据集集合，相关内容可参考第 12 章。例如，使用以下语句：

```
import tensorflow_datasets as tfds
dataset = tfds.load("mnist", split=tfds.Split.TRAIN, as_supervised=True)
```

即可快速载入 MNIST 数据集。

　　对于特别巨大而无法完整载入内存的数据集，我们可以先将数据集处理为 TFRecord 格式，然后使用 **tf.data.TFRecordDataset()** 进行载入，详情请参考 4.4 节。

4.3.2　数据集对象的预处理

tf.data.Dataset 类为我们提供了多种数据集预处理方法，最常用的如下所示。

❑ **Dataset.map(f)**：对数据集中的每个元素应用函数 **f**，得到一个新的数据集（这部分往往结合 **tf.io** 对文件进行读写和解码，结合 **tf.image** 进行图像处理）。

❑ **Dataset.shuffle(buffer_size)**：将数据集打乱［设定一个固定大小的缓冲区（buffer），取出前 **buffer_size** 个元素放入，并从缓冲区中随机采样，采样后的数据用后续数据替换］。

❑ Dataset.batch(batch_size)：将数据集分成批次，即对每 batch_size 个元素，使用 tf.stack() 在第 0 维合并，成为一个元素。

除此之外，还有 Dataset.repeat()（重复数据集的元素）、Dataset.reduce()（与 Map 相对的聚合操作）、Dataset.take()（截取数据集中的前若干个元素）等，可参考 API 文档进一步了解。

下面以 MNIST 数据集为例进行演示。使用 Dataset.map() 将所有图片旋转 90 度：

```python
def rot90(image, label):
    image = tf.image.rot90(image)
    return image, label

mnist_dataset = mnist_dataset.map(rot90)

for image, label in mnist_dataset:
    plt.title(label.numpy())
    plt.imshow(image.numpy()[:, :, 0])
    plt.show()
```

输出结果如图 4-5 所示。

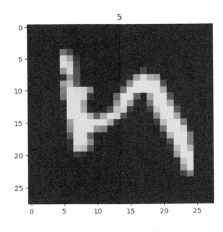

图 4-5　输出结果

使用 Dataset.batch() 将数据集划分批次，每个批次的大小为 4：

```python
mnist_dataset = mnist_dataset.batch(4)

for images, labels in mnist_dataset:        # image: [4, 28, 28, 1], labels: [4]
    fig, axs = plt.subplots(1, 4)
    for i in range(4):
        axs[i].set_title(labels.numpy()[i])
        axs[i].imshow(images.numpy()[i, :, :, 0])
    plt.show()
```

输出结果如图 4-6 所示。

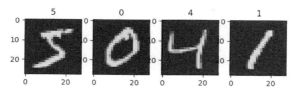

图 4-6　输出结果

使用 Dataset.shuffle() 将数据打散后再设置批次，缓存大小设置为 10 000：

```
mnist_dataset = mnist_dataset.shuffle(buffer_size=10000).batch(4)
```

```
for images, labels in mnist_dataset:
    fig, axs = plt.subplots(1, 4)
    for i in range(4):
        axs[i].set_title(labels.numpy()[i])
        axs[i].imshow(images.numpy()[i, :, :, 0])
    plt.show()
```

将上面的代码分别运行两次，输出结果如图 4-7 和图 4-8 所示。

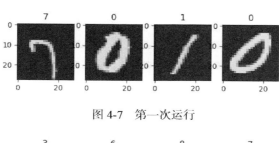

图 4-7　第一次运行

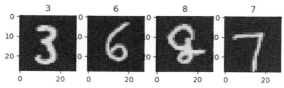

图 4-8　第二次运行

可见每次运行时，数据都会被随机打散。

▶ **Dataset.shuffle() 中缓冲区大小 buffer_size 的设置**

　　tf.data.Dataset 作为一个针对大规模数据设计的迭代器，本身无法方便地获得自身元素的数量或随机访问元素。因此，为了高效且较为充分地打散数据集，需要一些特定的方法。Dataset.shuffle() 采取了以下方法：

❑ 设定一个固定大小为 `buffer_size` 的缓冲区;

❑ 初始化时,取出数据集中的前 `buffer_size` 个元素放入缓冲区;

❑ 每次从数据集中取元素时,从缓冲区中随机采样一个元素并取出,然后从后续的元素中取出一个放回到之前被取出的位置,以维持缓冲区的大小。

因此,缓冲区的大小需要根据数据集的特性和数据排列顺序的特点来合理地进行设置。比如:

❑ 当 `buffer_size` 设置为 1 时,等价于没有进行任何打散;

❑ 当数据集的标签顺序分布极不均匀(例如二元分类时数据集前 N 个的标签为 0,后 N 个的标签为 1)时,如果缓冲区设置得太小,可能会使训练时取出的批次数据全为同一标签,从而影响训练效果。

一般而言,若数据集的顺序分布较为随机,则缓冲区的大小可较小,否则需要设置较大的缓冲区。

4.3.3　使用 `tf.data` 的并行化策略提高训练流程效率

当训练模型时,我们希望充分利用计算资源,减少 CPU/GPU 的空载时间。然而,有时数据集的准备处理非常耗时,使得我们在每进行一次训练前都需要花费大量的时间准备待训练的数据,GPU 只能空载等待数据,造成了计算资源的浪费,如图 4-9 所示。

图 4-9　常规训练流程

此时,`tf.data` 的数据集对象提供了 `Dataset.prefetch()` 方法,我们可以让数据集对象 `Dataset` 在训练时预先取出若干个元素,使得在 GPU 训练的同时 CPU 可以准备数据,从而提升训练流程的效率,如图 4-10 所示。

图 4-10　使用 `Dataset.prefetch()` 方法进行数据预加载后的训练流程

`Dataset.prefetch()` 的使用方法和前节的 `Dataset.batch()`、`Dataset.shuffle()` 等非常类似。继续以 MNIST 数据集为例,若希望开启数据预加载功能,使用如下代码即可:

```
mnist_dataset = mnist_dataset.prefetch(buffer_size=tf.data.experimental.AUTOTUNE)
```

此处参数 buffer_size 既可手工设置，也可设置为 tf.data.experimental.AUTOTUNE，即由 TensorFlow 自动选择合适的数值。

与此类似，Dataset.map() 也可以利用多 GPU 资源，并行化地对数据项进行变换，从而提高效率。仍然以 MNIST 数据集为例，通过设置 Dataset.map() 的 num_parallel_calls 参数即可实现数据转换的并行化。假设用于训练的计算机具有 2 核 CPU，我们希望充分利用多核的优势对数据进行并行化变换，那么旋转 90 度可以使用以下代码：

```
mnist_dataset = mnist_dataset.map(map_func=rot90, num_parallel_calls=2)
```

其运行过程如图 4-11 所示。

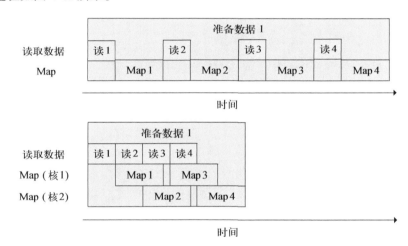

图 4-11　运行过程（上部分是未并行化的图示，下部分是 2 核并行的图示）

当然，这里同样可以将 num_parallel_calls 设置为 tf.data.experimental.AUTOTUNE，让 TensorFlow 自动选择合适的数值。

除此以外，还有很多提升数据集处理性能的方式，可参考 TensorFlow 文档进一步了解。4.3.5 节的实例中展示了 tf.data 并行化策略的强大性能。

4.3.4　数据集元素的获取与使用

构建好数据并预处理后，我们需要从中迭代获取数据用于训练。tf.data.Dataset 是一个 Python 的可迭代对象，因此可以使用 for 循环迭代获取数据，即：

```
dataset = tf.data.Dataset.from_tensor_slices((A, B, C, ...))
# 对张量 a、b、c 等进行操作，例如送入模型进行训练
for a, b, c, ... in dataset:
```

也可以使用 iter() 显式创建一个 Python 迭代器并使用 next() 获取下一个元素，即：

```
dataset = tf.data.Dataset.from_tensor_slices((A, B, C, ...))
it = iter(dataset)
a_0, b_0, c_0, ... = next(it)
a_1, b_1, c_1, ... = next(it)
```

Keras 支持使用 **tf.data.Dataset** 直接作为输入。当调用 **tf.keras.Model** 的 **fit()** 和 **evaluate()** 方法时，可以将参数中的输入数据 x 指定为一个元素格式为（输入数据，标签数据）的 Dataset，并忽略参数中的标签数据 y。例如，对于上述的 MNIST 数据集，常规的 Keras 训练方式是：

```
model.fit(x=train_data, y=train_label, epochs=num_epochs, batch_size=batch_size)
```

使用 **tf.data.Dataset** 后，我们可以直接传入 Dataset：

```
model.fit(mnist_dataset, epochs=num_epochs)
```

由于已经通过 Dataset.batch() 方法划分了数据集的批次，所以这里也无须提供批次的大小。

4.3.5 实例: cats_vs_dogs 图像分类

以下代码以猫狗图片二分类任务为例，展示了使用 **tf.data** 结合 **tf.io** 和 **tf.image** 建立 **tf.data.Dataset** 数据集，并进行训练和测试的完整过程。使用前须将下载好的数据集解压到代码中 **data_dir** 所设置的目录（此处默认设置为 C:/datasets/cats_vs_dogs，可根据自己的需求进行修改）。代码如下：

```
import tensorflow as tf
import os

num_epochs = 10
batch_size = 32
learning_rate = 0.001
data_dir = 'C:/datasets/cats_vs_dogs'
train_cats_dir = data_dir + '/train/cats/'
train_dogs_dir = data_dir + '/train/dogs/'
test_cats_dir = data_dir + '/valid/cats/'
test_dogs_dir = data_dir + '/valid/dogs/'

def _decode_and_resize(filename, label):
    image_string = tf.io.read_file(filename)          # 读取原始文件
    image_decoded = tf.image.decode_jpeg(image_string)  # 解码 JPEG 图片
    image_resized = tf.image.resize(image_decoded, [256, 256]) / 255.0
    return image_resized, label

if __name__ == '__main__':
    # 构建训练数据集
    train_cat_filenames = tf.constant([train_cats_dir + filename for filename in
        os.listdir(train_cats_dir)])
```

```
train_dog_filenames = tf.constant([train_dogs_dir + filename for filename in
    os.listdir(train_dogs_dir)])
train_filenames = tf.concat([train_cat_filenames, train_dog_filenames], axis=-1)
train_labels = tf.concat([
    tf.zeros(train_cat_filenames.shape, dtype=tf.int32),
    tf.ones(train_dog_filenames.shape, dtype=tf.int32)],
    axis=-1)

train_dataset = tf.data.Dataset.from_tensor_slices((train_filenames, train_labels))
train_dataset = train_dataset.map(
    map_func=_decode_and_resize,
    num_parallel_calls=tf.data.experimental.AUTOTUNE)
# 取出前 buffer_size 个数据放入 buffer，并从其中随机采样，采样后的数据用后续数据替换
train_dataset = train_dataset.shuffle(buffer_size=23000)
train_dataset = train_dataset.batch(batch_size)
train_dataset = train_dataset.prefetch(tf.data.experimental.AUTOTUNE)

model = tf.keras.Sequential([
    tf.keras.layers.Conv2D(32, 3, activation='relu', input_shape=(256, 256, 3)),
    tf.keras.layers.MaxPooling2D(),
    tf.keras.layers.Conv2D(32, 5, activation='relu'),
    tf.keras.layers.MaxPooling2D(),
    tf.keras.layers.Flatten(),
    tf.keras.layers.Dense(64, activation='relu'),
    tf.keras.layers.Dense(2, activation='softmax')
])

model.compile(
    optimizer=tf.keras.optimizers.Adam(learning_rate=learning_rate),
    loss=tf.keras.losses.sparse_categorical_crossentropy,
    metrics=[tf.keras.metrics.sparse_categorical_accuracy]
)

model.fit(train_dataset, epochs=num_epochs)
```

使用以下代码进行测试：

```
# 构建测试数据集
test_cat_filenames = tf.constant([test_cats_dir + filename for filename in os.listdir
    (test_cats_dir)])
test_dog_filenames = tf.constant([test_dogs_dir + filename for filename in os.listdir
    (test_dogs_dir)])
test_filenames = tf.concat([test_cat_filenames, test_dog_filenames], axis=-1)
test_labels = tf.concat([
    tf.zeros(test_cat_filenames.shape, dtype=tf.int32),
    tf.ones(test_dog_filenames.shape, dtype=tf.int32)],
    axis=-1)

test_dataset = tf.data.Dataset.from_tensor_slices((test_filenames, test_labels))
test_dataset = test_dataset.map(_decode_and_resize)
test_dataset = test_dataset.batch(batch_size)

print(model.metrics_names)
print(model.evaluate(test_dataset))
```

通过对以上示例进行性能测试,我们可以感受到 **tf.data** 的强大并行化性能。通过 **prefetch()** 的使用和在 **map()** 过程中加入 **num_parallel_calls** 参数,模型训练的时间可缩短至原来的一半甚至更少。测试结果如图 4-12 所示。

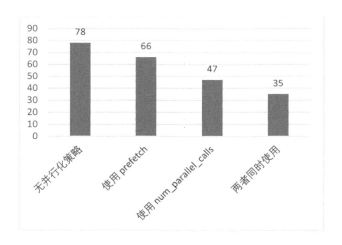

图 4-12　**tf.data** 的并行化策略性能测试(纵轴为每 epoch 训练所需时间,单位:秒)

4.4　TFRecord: TensorFlow 数据集存储格式

TFRecord 是 TensorFlow 中的数据集存储格式。当我们将数据集整理成 TFRecord 格式后,TensorFlow 就可以高效地读取和处理这些数据集了,从而帮助我们更高效地进行大规模模型训练。

TFRecord 可以理解为一系列序列化的 **tf.train.Example** 元素所组成的列表文件,而每一个 **tf.train.Example** 又由若干个 **tf.train.Feature** 的字典组成。形式如下:

```
# dataset.tfrecords
[
    {   # example 1 (tf.train.Example)
        'feature_1': tf.train.Feature,
        ...
        'feature_k': tf.train.Feature
    },
    ...
    {   # example N (tf.train.Example)
        'feature_1': tf.train.Feature,
        ...
        'feature_k': tf.train.Feature
    }
]
```

为了将形式各样的数据集整理为 TFRecord 格式，我们可以对数据集中的每个元素进行以下步骤。

(1) 读取该数据元素到内存。

(2) 将该元素转换为 tf.train.Example 对象。（每个 tf.train.Example 对象由若干个 tf.train.Feature 的字典组成，因此需要先建立 Feature 的字典。）

(3) 将 tf.train.Example 对象序列化为字符串，并通过一个预先定义的 tf.io.TFRecordWriter 写入 TFRecord 文件。

而读取 TFRecord 数据则可按照以下步骤。

(1) 通过 tf.data.TFRecordDataset 读入原始的 TFRecord 文件（此时文件中的 tf.train.Example 对象尚未被反序列化），获得一个 tf.data.Dataset 数据集对象。

(2) 通过 Dataset.map 方法，对该数据集对象中的每个序列化的 tf.train.Example 字符串执行 tf.io.parse_single_example 函数，从而实现反序列化。

以下我们通过一个实例，展示将 4.3.5 节中使用的 cats_vs_dogs 二分类数据集的训练集部分转换为 TFRecord 文件，并读取该文件的过程。

4.4.1 将数据集存储为 TFRecord 文件

与 4.3.5 节类似，我们首先进行一些准备工作，下载数据集并解压到 data_dir，初始化数据集的图片文件名列表及标签。相关代码如下：

```python
import tensorflow as tf
import os

data_dir = 'C:/datasets/cats_vs_dogs'
train_cats_dir = data_dir + '/train/cats/'
train_dogs_dir = data_dir + '/train/dogs/'
tfrecord_file = data_dir + '/train/train.tfrecords'

train_cat_filenames = [train_cats_dir + filename for filename in os.listdir(train_cats_dir)]
train_dog_filenames = [train_dogs_dir + filename for filename in os.listdir(train_dogs_dir)]
train_filenames = train_cat_filenames + train_dog_filenames
# 将 cat 类的标签设为 0，dog 类的标签设为 1
train_labels = [0] * len(train_cat_filenames) + [1] * len(train_dog_filenames)
```

然后，通过以下代码，迭代读取每张图片，建立 tf.train.Feature 字典和 tf.train.Example 对象，序列化并写入 TFRecord 文件。相关代码如下：

```python
with tf.io.TFRecordWriter(tfrecord_file) as writer:
    for filename, label in zip(train_filenames, train_labels):
        # 读取数据集图片到内存，image 为一个 Byte 类型的字符串
        image = open(filename, 'rb').read()
        feature = {                                  # 建立 tf.train.Feature 字典
```

```
                        # 图片是一个 Bytes 对象
                        'image': tf.train.Feature(bytes_list=tf.train.BytesList(value=[image])),
                        # 标签是一个 int 对象
                        'label': tf.train.Feature(int64_list=tf.train.Int64List(value=[label]))
                    }
                    # 通过字典建立 Example
                    example = tf.train.Example(features=tf.train.Features(feature=feature))
                    writer.write(example.SerializeToString())    # 将 Example 序列化并写入 TFRecord 文件
```

值得注意的是，tf.train.Feature 支持 3 种数据格式。

❏ tf.train.BytesList：字符串或原始 Byte 文件（如图片类型的文件），通过 bytes_list 参数传入一个由字符串数组初始化的 tf.train.BytesList 对象。

❏ tf.train.FloatList：浮点数，通过 float_list 参数传入一个由浮点数数组初始化的 tf.train.FloatList 对象。

❏ tf.train.Int64List：整数，通过 int64_list 参数传入一个由整数数组初始化的 tf.train.Int64List 对象。

如果只希望保存一个元素而非数组，传入一个只有一个元素的数组即可。

运行以上代码，不出片刻，我们即可在 tfrecord_file 所指向的文件地址处获得一个 500 MB 左右的 train.tfrecords 文件。

4.4.2　读取 TFRecord 文件

我们可以通过以下代码，读取之前建立的 train.tfrecords 文件，并通过 Dataset.map 方法，使用 tf.io.parse_single_example 函数对数据集中的每一个序列化的 tf.train.Example 对象解码：

```
raw_dataset = tf.data.TFRecordDataset(tfrecord_file)    # 读取 TFRecord 文件

feature_description = {    # 定义 Feature 结构，告诉解码器每个 Feature 的类型是什么
    'image': tf.io.FixedLenFeature([], tf.string),
    'label': tf.io.FixedLenFeature([], tf.int64),
}

def _parse_example(example_string):    # 将 TFRecord 文件中的每一个序列化的 tf.train.Example 解码
    feature_dict = tf.io.parse_single_example(example_string, feature_description)
    feature_dict['image'] = tf.io.decode_jpeg(feature_dict['image'])    # 解码 JPEG 图片
    return feature_dict['image'], feature_dict['label']

dataset = raw_dataset.map(_parse_example)
```

这里的 feature_description 字典类似于一个数据集的"描述文件"，tf.io.FixedLenFeature 的 3 个输入参数 shape、dtype 和 default_value（可省略）分别是每个 Feature 的形状、类型和默认值。在这里，我们的数据项都是单个的数值或者字符串，所以 shape 为空数组。

运行以上代码后，我们获得一个数据集对象 dataset，这已经是一个可以用于训练的 tf.data.Dataset 对象了！我们从该数据集中读取元素并输出验证：

```
import matplotlib.pyplot as plt

for image, label in dataset:
    plt.title('cat' if label == 0 else 'dog')
    plt.imshow(image.numpy())
    plt.show()
```

显示结果如图 4-13 所示。

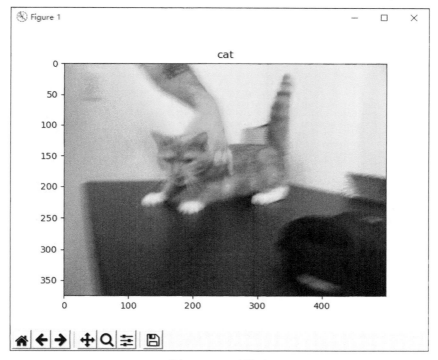

图 4-13　显示结果

可见图片和标签都正确显示，数据集构建成功。

4.5*　@tf.function：图执行模式

虽然默认的即时执行模式具有灵活及易调试的特性，但在特定的场合，例如追求高性能或部署模型时，我们依然希望使用图执行模式，将模型转换为高效的 TensorFlow 图模型。此时，TensorFlow 2 为我们提供了 tf.function 模块，结合 AutoGraph 机制，使得我们仅需加入一个简单的 @tf.function 修饰符，就能轻松将模型以图执行模式运行。

4.5.1 @tf.function 基础使用方法

@tf.function 的基础使用非常简单，只需要将我们希望以图执行模式运行的代码封装在一个函数内，并在函数前加上 @tf.function 即可。关于 TensorFlow 1.x 版本中的图执行模式可参考第 15 章。

> **警告**
>
> 并不是任何函数都可以被 @tf.function 修饰！@tf.function 使用静态编译将函数内的代码转换成计算图，因此对函数内可使用的语句有一定限制（仅支持 Python 语言的一个子集），且需要函数内的操作本身能够被构建为计算图。建议在函数内只使用 TensorFlow 的原生操作，不要使用过于复杂的 Python 语句，函数参数只包括 TensorFlow 张量或 NumPy 数组，并最好是能够按照计算图的思想去构建函数。（换言之，@tf.function 只是给了你一种更方便的写计算图的方法，而不是一颗能给任何函数加速的"银子弹"。）

@tf.function 的基础使用如下所示：

```python
import tensorflow as tf
import time
from zh.model.mnist.cnn import CNN
from zh.model.utils import MNISTLoader

num_batches = 400
batch_size = 50
learning_rate = 0.001
data_loader = MNISTLoader()

@tf.function
def train_one_step(X, y):
    with tf.GradientTape() as tape:
        y_pred = model(X)
        loss = tf.keras.losses.sparse_categorical_crossentropy(y_true=y, y_pred=y_pred)
        loss = tf.reduce_mean(loss)
        # 注意这里使用了 TensorFlow 内置的 tf.print(),
        # @tf.function 不支持 Python 内置的 print 方法
        tf.print("loss", loss)
    grads = tape.gradient(loss, model.variables)
    optimizer.apply_gradients(grads_and_vars=zip(grads, model.variables))

if __name__ == '__main__':
    model = CNN()
    optimizer = tf.keras.optimizers.Adam(learning_rate=learning_rate)
    start_time = time.time()
    for batch_index in range(num_batches):
        X, y = data_loader.get_batch(batch_size)
        train_one_step(X, y)
    end_time = time.time()
    print(end_time - start_time)
```

运行 400 个批次进行测试，加入 @tf.function 的程序耗时 35.5 秒，未加入 @tf.function 的纯即时执行模式程序耗时 43.8 秒，可见 @tf.function 带来了一定的性能提升。一般而言，当模型由较多小的操作组成的时候，@tf.function 带来的提升效果较大。而当模型的操作数量较少，但单一操作均很耗时的时候，@tf.function 带来的性能提升不会太大。

4.5.2　@tf.function 内在机制

当第一次调用被 @tf.function 修饰的函数时，需要进行以下操作。

❑ 在即时执行模式关闭的环境下，函数内的代码依次运行。也就是说，当调用 TensorFlow 的计算 API 时，都只是定义了计算节点，而并没有进行任何实质的计算。这与 TensorFlow 1.x 的图执行模式是一致的。

❑ 使用 AutoGraph 将函数中的 Python 控制流语句转换成 TensorFlow 计算图中的对应节点（比如将 while 和 for 语句转换为 tf.while，将 if 语句转换为 tf.cond 等）。

❑ 基于以上两步，建立函数内代码的计算图（为了保证图的计算顺序，图中还会自动加入一些 tf.control_dependencies 节点）。

❑ 运行一次这个计算图。

❑ 基于函数的名字和输入的函数参数的类型生成一个散列值，并将建立的计算图缓存到一个散列表中。

当被 @tf.function 修饰的函数再次被调用时，根据函数名和输入的函数参数类型计算散列值，检查散列表中是否已经有了对应计算图的缓存。如果是，则直接使用已缓存的计算图，否则重新按上述步骤建立计算图。

以下是一个测试题：

```python
import tensorflow as tf
import numpy as np

@tf.function
def f(x):
    print("The function is running in Python")
    tf.print(x)

a = tf.constant(1, dtype=tf.int32)
f(a)
b = tf.constant(2, dtype=tf.int32)
f(b)
b_ = np.array(2, dtype=np.int32)
f(b_)
c = tf.constant(0.1, dtype=tf.float32)
f(c)
d = tf.constant(0.2, dtype=tf.float32)
f(d)
```

思考一下，上面这段程序的结果是什么？

答案是：

```
The function is running in Python
1
2
2
The function is running in Python
0.1
0.2
```

当计算 f(a) 时，由于是第一次调用该函数，TensorFlow 进行了以下操作。

❑ 将函数内的代码依次运行了一遍（因此输出了文本）。

❑ 构建了计算图，然后运行了一次该计算图（因此输出了 1）。这里 tf.print(x) 可以作为计算图的节点，但 Python 内置的 print 则不能被转换成计算图的节点。因此，计算图中只包含了 tf.print(x) 这一操作。

❑ 将该计算图缓存到了一个散列表中（如果之后再有类型为 tf.int32，形状为空的张量输入，则重复使用已构建的计算图）。

计算 f(b) 时，由于 b 的类型与 a 相同，所以 TensorFlow 重复使用了之前已构建的计算图并运行（因此输出了 2）。由于这里并没有真正地逐行运行函数中的代码，所以函数第一行的文本输出代码没有运行。在计算 f(b_) 时，TensorFlow 自动将 NumPy 的数据结构转换成了 TensorFlow 中的张量，因此依然能够复用之前已构建的计算图。

计算 f(c) 时，虽然张量 c 的形状和 a、b 均相同，但类型为 tf.float32，因此 TensorFlow 重新运行了函数内代码（从而再次输出了文本）并建立了一个输入为 tf.float32 类型的计算图。

计算 f(d) 时，由于 d 和 c 的类型相同，所以 TensorFlow 复用了计算图，同理没有输出文本。

而对于 @tf.function 对 Python 内置的整数和浮点数类型的处理方式，我们通过以下示例展现：

```
f(d)
f(1)
f(2)
f(1)
f(0.1)
f(0.2)
f(0.1)
```

结果为：

```
The function is running in Python
1
The function is running in Python
```

```
2
1
The function is running in Python
0.1
The function is running in Python
0.2
0.1
```

简而言之，对于 Python 内置的整数和浮点数类型，只有当值完全一致的时候，@tf.function 才会复用之前建立的计算图，而并不会自动将 Python 内置的整数或浮点数等转换成张量。因此，当函数参数包含 Python 内置整数或浮点数时，需要格外小心。一般而言，应当只在指定超参数等少数场合使用 Python 内置类型作为被 @tf.function 修饰的函数的参数。

下一个思考题：

```
import tensorflow as tf

a = tf.Variable(0.0)

@tf.function
def g():
    a.assign(a + 1.0)
    return a

print(g())
print(g())
print(g())
```

这段代码的输出是：

```
tf.Tensor(1.0, shape=(), dtype=float32)
tf.Tensor(2.0, shape=(), dtype=float32)
tf.Tensor(3.0, shape=(), dtype=float32)
```

同样地，你可以在被 @tf.function 修饰的函数里调用 tf.Variable、tf.keras.optimizers、tf.keras.Model 等包含变量的数据结构。一旦被调用，这些结构将作为隐含的参数提供给函数。当这些结构内的值在函数内被修改时，在函数外也同样生效。

4.5.3 AutoGraph：将 Python 控制流转换为 TensorFlow 计算图

前面提到，@tf.function 使用名为 AutoGraph 的机制将函数中的 Python 控制流语句转换成 TensorFlow 计算图中的对应节点。以下是一个示例，使用 tf.autograph 模块的底层 API tf.autograph.to_code 将函数 square_if_positive 转换成 TensorFlow 计算图：

```
import tensorflow as tf

@tf.function
def square_if_positive(x):
```

```
    if x > 0:
        x = x * x
    else:
        x = 0
    return x

a = tf.constant(1)
b = tf.constant(-1)
print(square_if_positive(a), square_if_positive(b))
print(tf.autograph.to_code(square_if_positive.python_function))
```

输出代码如下：

```
tf.Tensor(1, shape=(), dtype=int32) tf.Tensor(0, shape=(), dtype=int32)
def tf__square_if_positive(x):
    do_return = False
    retval_ = ag__.UndefinedReturnValue()
    cond = x > 0

    def get_state():
        return ()

    def set_state(_):
        pass

    def if_true():
        x_1, = x,
        x_1 = x_1 * x_1
        return x_1

    def if_false():
        x = 0
        return x
    x = ag__.if_stmt(cond, if_true, if_false, get_state, set_state)
    do_return = True
    retval_ = x
    cond_1 = ag__.is_undefined_return(retval_)

    def get_state_1():
        return ()

    def set_state_1(_):
        pass

    def if_true_1():
        retval_ = None
        return retval_

    def if_false_1():
        return retval_
    retval_ = ag__.if_stmt(cond_1, if_true_1, if_false_1, get_state_1, set_state_1)
    return retval_
```

我们注意到，原函数中的 Python 控制流 if...else... 被转换为了 x = ag__.if_stmt(cond, if_true, if_false, get_state, set_state) 这种计算图式的写法。AutoGraph 起到了类似编译器的作用，能够帮助我们通过更加自然的 Python 控制流轻松地构建带有条件或循环的计算图，而无须手动使用 TensorFlow 的 API 进行构建。

4.5.4 使用传统的 tf.Session

不过，如果你依然钟情于 TensorFlow 传统的图执行模式也没有问题。TensorFlow 2 提供了 tf.compat.v1 模块以支持 TensorFlow 1.x 版本的 API。同时，只要在编写模型的时候稍加注意，Keras 的模型是可以同时兼容即时执行模式和图执行模式的。注意，在图执行模式下，model(input_tensor) 只需运行一次就能完成图的建立操作。

例如，通过以下代码，同样可以在 MNIST 数据集上训练前面所建立的 MLP 或 CNN 模型：

```python
optimizer = tf.compat.v1.train.AdamOptimizer(learning_rate=learning_rate)
num_batches = int(data_loader.num_train_data // batch_size * num_epochs)
# 建立计算图
X_placeholder = tf.compat.v1.placeholder(name='X', shape=[None, 28, 28, 1], dtype=
    tf.float32)
y_placeholder = tf.compat.v1.placeholder(name='y', shape=[None], dtype=tf.int32)
y_pred = model(X_placeholder)
loss = tf.keras.losses.sparse_categorical_crossentropy(y_true=y_placeholder, y_pred=y_pred)
loss = tf.reduce_mean(loss)
train_op = optimizer.minimize(loss)
sparse_categorical_accuracy = tf.keras.metrics.SparseCategoricalAccuracy()
# 建立 Session
with tf.compat.v1.Session() as sess:
    sess.run(tf.compat.v1.global_variables_initializer())
    for batch_index in range(num_batches):
        X, y = data_loader.get_batch(batch_size)
        # 使用 Session.run() 将数据送入计算图节点，进行训练以及计算损失函数
        _, loss_value = sess.run([train_op, loss], feed_dict={X_placeholder: X,
            y_placeholder: y})
        print("batch %d: loss %f" % (batch_index, loss_value))

    num_batches = int(data_loader.num_test_data // batch_size)
    for batch_index in range(num_batches):
        start_index, end_index = batch_index * batch_size, (batch_index + 1) * batch_size
        y_pred = model.predict(data_loader.test_data[start_index: end_index])
        sess.run(sparse_categorical_accuracy.update_state(y_true=data_loader.test_label
            [start_index: end_index], y_pred=y_pred))
    print("test accuracy: %f" % sess.run(sparse_categorical_accuracy.result()))
```

关于图执行模式的更多内容可参见第 15 章。

4.6* tf.TensorArray：TensorFlow 动态数组

在部分网络结构中，尤其是涉及时间序列的结构中，我们可能需要将一系列张量以数组的方式依次存放起来，以供进一步处理。在即时执行模式下，你可以直接使用一个 Python 列表

存放数组，但如果你需要基于计算图的特性（例如使用 @tf.function 加速模型运行或者使用 SavedModel 导出模型），就无法使用这种方式了。因此，TensorFlow 提供了 tf.TensorArray，它是一种支持计算图特性的 TensorFlow 动态数组，其声明方式如下。

- ❑ arr = tf.TensorArray(dtype, size, dynamic_size=False)：声明一个大小为 size，类型为 dtype 的 TensorArray arr。如果将 dynamic_size 参数设置为 True，则该数组会自动增长空间。

其读取和写入的方法如下。

- ❑ write(index, value)：将 value 写入数组的第 index 个位置。
- ❑ read(index)：读取数组的第 index 个值。

除此以外，TensorArray 还包括 stack()、unstack() 等常用操作。

请注意，由于需要支持计算图，tf.TensorArray 的 write() 方法是不可以忽略左值的！也就是说，在图执行模式下，必须按照以下的形式写入数组：

```
arr = arr.write(index, value)
```

这样才可以正常生成一个计算图操作，并将该操作返回给 arr。而不可以写成：

```
arr.write(index, value)      # 生成的计算图操作没有左值接收，从而丢失
```

一个简单的示例如下：

```
import tensorflow as tf

@tf.function
def array_write_and_read():
    arr = tf.TensorArray(dtype=tf.float32, size=3)
    arr = arr.write(0, tf.constant(0.0))
    arr = arr.write(1, tf.constant(1.0))
    arr = arr.write(2, tf.constant(2.0))
    arr_0 = arr.read(0)
    arr_1 = arr.read(1)
    arr_2 = arr.read(2)
    return arr_0, arr_1, arr_2

a, b, c = array_write_and_read()
print(a, b, c)
```

输出代码如下：

```
tf.Tensor(0.0, shape=(), dtype=float32) tf.Tensor(1.0, shape=(), dtype=float32)
tf.Tensor(2.0, shape=(), dtype=float32)
```

4.7* tf.config: GPU 的使用与分配

在实际使用 TensorFlow 的过程中，我们往往会遇到一些与 GPU 资源相关的配置问题。为此，TensorFlow 提供了 `tf.config` 模块来帮助我们设置 GPU 的使用和分配方式。

4.7.1 指定当前程序使用的 GPU

很多时候的场景是：实验室或公司研究组里有许多学生或研究员需要共同使用一台多 GPU 的工作站，而在默认情况下，TensorFlow 会使用其所能够使用的所有 GPU，这时就需要合理分配显卡资源。

首先，通过 `tf.config.list_physical_devices`，我们可以获得当前主机上某种特定运算设备类型（如 GPU 或 CPU）的列表。例如，在一台具有 4 块 GPU 和一块 CPU 的工作站上运行以下代码：

```
gpus = tf.config.list_physical_devices(device_type='GPU')
cpus = tf.config.list_physical_devices(device_type='CPU')
print(gpus, cpus)
```

输出代码如下：

```
[PhysicalDevice(name='/physical_device:GPU:0', device_type='GPU'),
 PhysicalDevice(name='/physical_device:GPU:1', device_type='GPU'),
 PhysicalDevice(name='/physical_device:GPU:2', device_type='GPU'),
 PhysicalDevice(name='/physical_device:GPU:3', device_type='GPU')]
[PhysicalDevice(name='/physical_device:CPU:0', device_type='CPU')]
```

可见，该工作站具有 4 块 GPU（GPU:0、GPU:1、GPU:2、GPU:3）和一块 CPU（CPU:0）。

然后，通过 `tf.config.experimental.set_visible_devices` 可以设置当前程序可见的设备范围（当前程序只会使用自己可见的设备，不可见的设备不会被当前程序使用）。例如，在上述的 4 卡机器中，若我们需要限定当前程序只使用下标为 0 和 1 的两块显卡（GPU:0 和 GPU:1），可以使用以下代码：

```
gpus = tf.config.list_physical_devices(device_type='GPU')
tf.config.set_visible_devices(devices=gpus[0:2], device_type='GPU')
```

小技巧

使用环境变量 CUDA_VISIBLE_DEVICES 也可以控制程序所使用的 GPU。假设发现在 4 卡的机器上，GPU:0 和 GPU:1 在使用中，GPU:2 和 GPU:3 空闲，那么在 Linux 终端输入：

```
export CUDA_VISIBLE_DEVICES=2,3
```

或在代码中加入：

```
import os
os.environ['CUDA_VISIBLE_DEVICES'] = "2,3"
```

即可指定程序只在 GPU:2 和 GPU:3 上运行。

4.7.2　设置显存使用策略

在默认情况下，TensorFlow 将占用几乎所有可用的显存，以避免显存使用碎片化所带来的性能损失。不过，TensorFlow 提供两种显存使用策略，让我们能够更灵活地控制程序的显存使用方式。

❑ 仅在需要时申请显存空间（程序初始运行时消耗很少的显存，随着程序的运行，动态申请显存）。
❑ 限制消耗固定大小的显存（程序不会超出限定的显存大小，若超出则报错）。

我们可以通过 tf.config.experimental.set_memory_growth [①] 将 GPU 的显存使用策略设置为"仅在需要时申请显存空间"。以下代码将所有 GPU 设置为仅在需要时申请显存空间：

```
gpus = tf.config.list_physical_devices(device_type='GPU')
for gpu in gpus:
    tf.config.experimental.set_memory_growth(device=gpu, enable=True)
```

以下代码通过 tf.config.set_virtual_device_configuration 选项，传入 tf.config.VirtualDeviceConfiguration 实例，设置 TensorFlow 固定消耗 GPU:0 的 1 GB 显存（其实可以理解为建立了一个显存大小为 1 GB 的"虚拟 GPU"）：

```
gpus = tf.config.list_physical_devices(device_type='GPU')
tf.config.set_virtual_device_configuration(
    gpus[0],
    [tf.config.experimental.VirtualDeviceConfiguration(memory_limit=1024)])
```

提示

在 TensorFlow 1.x 的图执行模式下，可以在实例化新的 Session 时传入 tf.compat.v1.ConfigPhoto 类来设置 TensorFlow 使用显存的策略。具体方式是实例化一个 tf.ConfigProto 类，设置参数，并在创建 tf.compat.v1.Session 时指定 config 参数。以下代码通过 allow_growth 选项设置 TensorFlow 仅在需要时申请显存空间：

```
config = tf.compat.v1.ConfigProto()
config.gpu_options.allow_growth = True
sess = tf.compat.v1.Session(config=config)
```

---

① 此处的 API 具有 experimental 前缀，在后续版本中可能变化。

以下代码通过 per_process_gpu_memory_fraction 选项设置 TensorFlow 固定消耗 40%
的 GPU 显存：

```
config = tf.compat.v1.ConfigProto()
config.gpu_options.per_process_gpu_memory_fraction = 0.4
tf.compat.v1.Session(config=config)
```

4.7.3　单 GPU 模拟多 GPU 环境

也许我们的本地开发环境只有一个 GPU，但有时需要编写多 GPU 的程序并在工作站上进
行训练任务，TensorFlow 为我们提供了一个方便的功能，可以让我们在本地开发环境中建立多
个模拟 GPU，从而让多 GPU 的程序调试变得更加方便。以下代码在实体 GPU（GPU:0）的基础
上建立了两个显存均为 2 GB 的虚拟 GPU：

```
gpus = tf.config.list_physical_devices('GPU')
tf.config.set_virtual_device_configuration(
    gpus[0],
    [tf.config.VirtualDeviceConfiguration(memory_limit=2048),
     tf.config.VirtualDeviceConfiguration(memory_limit=2048)])
```

如果我们在 9.1 节的代码前加入以上代码，就可以让原本为多 GPU 设计的代码在单 GPU 环
境下运行。当输出设备数量时，程序会输出如下代码：

```
Number of devices: 2
```

## 第 5 章

TensorFlow 模型导出

为了将训练好的机器学习模型部署到各个目标平台（如服务器、移动端、嵌入式设备和浏览器等），我们的第一步往往是将训练好的整个模型完整导出（序列化）为一系列标准格式的文件。在此基础上，我们才可以在不同的平台上使用相对应的部署工具来部署模型文件。TensorFlow 提供了统一模型导出格式 SavedModel，这是我们在 TensorFlow 2 中主要使用的导出格式。这样我们可以以这一格式为中介，将训练好的模型部署在多种平台上。同时，基于历史原因，Keras 的 Sequential 和 Functional 模式也有自有的模型导出格式，我们也一并介绍。

5.1 使用 SavedModel 完整导出模型

在 4.1 节中，我们介绍了 Checkpoint，它可以帮助我们保存和恢复模型中参数的权值。而作为模型导出格式的 SavedModel 则更进一步，它包含了一个 TensorFlow 程序的完整信息：不仅包含参数的权值，还包含计算的流程（计算图）。当模型导出为 SavedModel 文件时，无须模型的源代码即可再次运行模型，这使得 SavedModel 尤其适用于模型的分享和部署。后文的 TensorFlow Serving（服务器端部署模型）、TensorFlow Lite（移动端部署模型）以及 TensorFlow.js 都会用到这一格式。

Keras 模型均可以方便地导出为 SavedModel 格式。不过需要注意的是，因为 SavedModel 基于计算图，所以对于通过继承 tf.keras.Model 类建立的 Keras 模型来说，需要导出为 SavedModel 格式的方法（比如 call）都需要使用 @tf.function 修饰（@tf.function 的使用方式见 4.5 节）。然后，假设我们有一个名为 model 的 Keras 模型，使用下面的代码即可将模型导出为 SavedModel：

```
tf.saved_model.save(model, "保存的目标文件夹名称")
```

在需要载入 SavedModel 文件时，使用下面的代码即可：

```
model = tf.saved_model.load("保存的目标文件夹名称")
```

提示

对于通过继承 **tf.keras.Model** 类建立的 Keras 模型 model，使用 SavedModel 载入后，将无法使用 **model()** 直接进行推断，而需要使用 **model.call()**。

以下是一个简单的示例，将 3.2 节 MNIST 手写体识别模型进行导出和导入。导出模型到 saved/1 文件夹的代码如下：

```python
import tensorflow as tf
from zh.model.utils import MNISTLoader

num_epochs = 1
batch_size = 50
learning_rate = 0.001

model = tf.keras.models.Sequential([
    tf.keras.layers.Flatten(),
    tf.keras.layers.Dense(100, activation=tf.nn.relu),
    tf.keras.layers.Dense(10),
    tf.keras.layers.Softmax()
])

data_loader = MNISTLoader()
model.compile(
    optimizer=tf.keras.optimizers.Adam(learning_rate=0.001),
    loss=tf.keras.losses.sparse_categorical_crossentropy,
    metrics=[tf.keras.metrics.sparse_categorical_accuracy]
)
model.fit(data_loader.train_data, data_loader.train_label, epochs=num_epochs,
    batch_size=batch_size)
tf.saved_model.save(model, "saved/1")
```

将 saved/1 中的模型导入并测试性能：

```python
import tensorflow as tf
from zh.model.utils import MNISTLoader

batch_size = 50

model = tf.saved_model.load("saved/1")
data_loader = MNISTLoader()
sparse_categorical_accuracy = tf.keras.metrics.SparseCategoricalAccuracy()
num_batches = int(data_loader.num_test_data // batch_size)
for batch_index in range(num_batches):
    start_index, end_index = batch_index * batch_size, (batch_index + 1) * batch_size
    y_pred = model(data_loader.test_data[start_index: end_index])
    sparse_categorical_accuracy.update_state(y_true=data_loader.test_label[start_index:
        end_index], y_pred=y_pred)
print("test accuracy: %f" % sparse_categorical_accuracy.result())
```

输出结果如下：

```
test accuracy: 0.952000
```

通过继承 tf.keras.Model 类建立的 Keras 模型同样可以以相同的方法导出，仅需要注意 call 方法需要以 @tf.function 修饰，以转化为 SavedModel 支持的计算图，代码如下：

```python
class MLP(tf.keras.Model):
    def __init__(self):
        super().__init__()
        self.flatten = tf.keras.layers.Flatten()
        self.dense1 = tf.keras.layers.Dense(units=100, activation=tf.nn.relu)
        self.dense2 = tf.keras.layers.Dense(units=10)

    @tf.function
    def call(self, inputs):         # [batch_size, 28, 28, 1]
        x = self.flatten(inputs)    # [batch_size, 784]
        x = self.dense1(x)          # [batch_size, 100]
        x = self.dense2(x)          # [batch_size, 10]
        output = tf.nn.softmax(x)
        return output

model = MLP()
...
```

模型导入并测试性能的过程也相同，注意模型推断时需要显式调用 call 方法，即使用如下代码：

```python
...
y_pred = model.call(data_loader.test_data[start_index: end_index])
...
```

5.2 Keras 自有的模型导出格式

由于历史原因，我们在有些场景下也会用到 Keras 的 Sequential 和 Functional 模式的自有模型导出格式。这里我们以使用 Keras 的 Sequential 模式的官方的 MNIST 模型作为示例，源码地址：

```
https://github.com/keras-team/keras/blob/master/examples/mnist_cnn.py
```

以上代码基于 Keras 的 Sequential 模式构建了多层的卷积神经网络，并进行训练。为了方便起见，可使用如下命令复制到本地：

```
curl -LO https://raw.githubusercontent.com/keras-team/keras/master/examples/mnist_cnn.py
```

然后在最后加一行代码，对 Keras 训练完毕的模型使用自有格式进行保存：

```python
model.save('mnist_cnn.h5')
```

在终端中执行 mnist_cnn.py 文件，如下：

```
python mnist_cnn.py
```

警告

以上过程需要连接网络获取 mnist.npz 文件，该文件会被保存到 $HOME/.keras/datasets/ 目录下。如果网络连接存在问题，则可以通过其他方式获取 mnist.npz 后，直接保存到该目录下即可。

执行过程会比较久，执行结束后，会在当前目录下产生 mnist_cnn.h5 文件（HDF5 格式），即 Keras 训练后的模型，其中已经包含了训练后的模型结构和权重等信息。

在服务器端，可以直接通过 keras.models.load_model("mnist_cnn.h5") 加载，然后进行推理；在移动设备上，需要将 HDF5 模型文件转换为 TensorFlow Lite 格式，然后通过相应平台的解释器加载，接着进行推理。

第 6 章

TensorFlow Serving

模型训练完毕后，我们往往需要将它部署在生产环境中。最常见的方式是在服务器上提供一个 API，即客户机向服务器的某个 API 发送特定格式的请求，服务器收到请求数据后通过模型进行计算，并返回结果。如果仅仅是做一个 Demo，不考虑高并发和性能问题，其实配合 Flask 等 Python 下的 Web 框架就能非常轻松地实现服务器 API。如果是在实际生产环境中部署模型，那么这样的方式就显得力不从心了。这时，TensorFlow 为我们提供了 TensorFlow Serving 组件，能够帮助我们在实际生产环境中灵活且高性能地部署机器学习模型。

6.1 TensorFlow Serving 安装

TensorFlow Serving 可以使用 apt-get 或 Docker 安装。在生产环境中，推荐使用 Docker 部署 TensorFlow Serving。不过此处出于教学目的，我们来介绍依赖环境较少的 apt-get 安装方式。

警告

> 软件的安装方法往往具有时效性，本节的更新日期为 2019 年 8 月。若遇到问题，建议参考 TensorFlow 官网上的最新安装说明进行操作。

首先设置安装源：

```
# 添加谷歌的 TensorFlow Serving 源
echo "deb [arch=amd64] http://storage.googleapis.com/tensorflow-serving-apt stable
tensorflow-model-server tensorflow-model-server-universal" | sudo tee /etc/apt/sources.
   list.d/tensorflow-serving.list
# 添加 gpg key
curl https://storage.googleapis.com/tensorflow-serving-apt/tensorflow-serving.release.pub.
   gpg | sudo apt-key add -
```

然后更新源，接着就可以使用 apt-get 安装 TensorFlow Serving 了：

```
sudo apt-get update
sudo apt-get install tensorflow-model-server
```

提示

在运行 curl 和 apt-get 命令时，可能需要设置代理。cURL 设置代理有两种方式，使用 -x 选项或者设置 http_proxy 环境变量，即：

```
curl -x http:// 代理服务器 IP: 端口 URL
```

或者

```
export http_proxy=http:// 代理服务器 IP: 端口
```

apt-get 使用 -o 选项设置代理，即：

```
sudo apt-get -o Acquire::http::proxy="http:// 代理服务器 IP: 端口 " ...
```

在 Windows 10 系统下，可以在 Linux 子系统（WSL）内使用相同的方式安装 TensorFlow Serving。

6.2　TensorFlow Serving 模型部署

TensorFlow Serving 可以直接读取 SavedModel 格式的模型进行部署（导出模型到 SavedModel 文件的方法见 5.1 节），使用以下命令即可：

```
tensorflow_model_server \
    --rest_api_port= 端口号（如 8501）\
    --model_name= 模型名 \
    --model_base_path="SavedModel 格式模型的文件夹绝对地址（不含版本号）"
```

注解

TensorFlow Serving 支持热更新模型，其典型的模型文件夹结构如下：

```
/saved_model_files
    /1       # 版本号为 1 的模型文件
        /assets
        /variables
        saved_model.pb
    ...
    /N       # 版本号为 N 的模型文件
        /assets
        /variables
        saved_model.pb
```

上面 1~N 的子文件夹代表不同版本号的模型。当指定 --model_base_path 时，只需要指定根目录的绝对地址（不是相对地址）即可。例如，如果上述文件夹结构存放在 home/snowkylin 文件夹内，则 --model_base_path 应当设置为 home/snowkylin/saved_model_files（不附带模型版本号）。TensorFlow Serving 会自动选择版本号最大的模型进行载入。

6.2.1 Keras Sequential 模式模型的部署

由于 Sequential 模式的输入和输出都很固定，所以这种类型的模型很容易部署，无须其他额外操作。例如，要将使用 SavedModel 导出的 MNIST 手写体识别模型（使用 Keras Sequential 模式建立）以 MLP 的模型名在 8501 端口进行部署，可以直接使用以下命令：

```
tensorflow_model_server \
    --rest_api_port=8501 \
    --model_name=MLP \
    --model_base_path="/home/.../.../saved"  # 文件夹绝对地址根据自身情况填写，无须加入版本号
```

然后就可以按照 6.3 节的介绍，使用 gRPC 或者 RESTful API 在客户端调用模型了。

6.2.2 自定义 Keras 模型的部署

通过继承 `tf.keras.Model` 类建立的自定义 Keras 模型的自由度相对高些，因此当使用 TensorFlow Serving 部署模型时，对导出的 SavedModel 文件也有更多的要求。

(1) 需要导出为 SavedModel 格式的方法（比如 `call`）不仅需要使用 `@tf.function` 修饰，还要在修饰时指定 `input_signature` 参数，以显式说明输入的形状。该参数传入一个由 `tf.TensorSpec` 组成的列表，指定每个输入张量的形状和类型。例如，对于 MNIST 手写体数字识别，我们的输入是一个四维张量 `[None, 28, 28, 1]`（第一维为 None 表示批次的大小不固定），此时我们可以将模型的 `call` 方法做以下修饰：

```
class MLP(tf.keras.Model):
    ...

    @tf.function(input_signature=[tf.TensorSpec([None, 28, 28, 1], tf.float32)])
    def call(self, inputs):
        ...
```

(2) 在使用 `tf.saved_model.save` 导出模型时，需要通过 `signature` 参数提供待导出的函数的签名（signature）。简单说来，由于自定义的模型类里可能有多个方法都需要导出，所以需要告诉 TensorFlow Serving 每个方法在被客户端调用时分别叫什么名字。例如，如果我们希望客户端在调用模型时使用 `call` 这一签名来调用 `model.call` 方法，那么我们可以在导出时传入 `signature` 参数，以 `dict` 键值对的形式告知导出方法对应的签名，代码如下：

```
model = MLP()
...
tf.saved_model.save(model, "saved_with_signature/1", signatures={"call": model.call})
```

以上两步均完成后，即可使用以下命令部署：

```
tensorflow_model_server \
    --rest_api_port=8501 \
    --model_name=MLP \
    --model_base_path="/home/.../.../saved_with_signature"  # 修改为自己模型的绝对地址
```

6.3　在客户端调用以 TensorFlow Serving 部署的模型

TensorFlow Serving 支持使用 gRPC 方法和 RESTful API 方法调用以 TensorFlow Serving 部署的模型。本书主要介绍较为通用的 RESTful API 方法。

RESTful API 以标准的 HTTP POST 方法进行交互，请求和回复均为 JSON 对象。为了调用服务器端的模型，我们在客户端向服务器发送以下格式的请求。

服务器 URI：`http://`服务器地址：端口号`/v1/models/`模型名`:predict`

请求内容：

```
{
    "signature_name": "需要调用的函数签名 (Sequential 模式不需要)",
    "instances": 输入数据
}
```

回复：

```
{
    "predictions": 返回值
}
```

下面我们以 Python 和 Node.js 为例，展示客户端使用 RESTful API 调用模型的方法。

6.3.1　Python 客户端示例

以下示例使用 Python 的 Requests 库（你可能需要使用 `pip install requests` 安装该库）向本机的 TensorFlow Serving 服务器发送 MNIST 测试集的前 10 幅图像并返回预测结果，同时与测试集的真实标签进行比较：

```python
import json
import numpy as np
import requests
from zh.model.utils import MNISTLoader


data_loader = MNISTLoader()
data = json.dumps({
    "instances": data_loader.test_data[0:3].tolist()
    })
headers = {"content-type": "application/json"}
json_response = requests.post(
    'http://localhost:8501/v1/models/MLP:predict',
    data=data, headers=headers)
predictions = np.array(json.loads(json_response.text)['predictions'])
print(np.argmax(predictions, axis=-1))
print(data_loader.test_label[0:10])
```

输出为：

```
[7 2 1 0 4 1 4 9 6 9]
[7 2 1 0 4 1 4 9 5 9]
```

可见预测结果与真实标签值非常接近。

对于自定义的 Keras 模型，在发送的数据中加入 signature_name 键值即可，也就是说将上面代码的 data 建立过程改为：

```
data = json.dumps({
    "signature_name": "call",
    "instances": data_loader.test_data[0:10].tolist()
    })
```

6.3.2 Node.js 客户端示例

下面的示例将使用 Node.js 把图 6-1 转换为 28 像素 × 28 像素的灰度图，然后发送给本机的 TensorFlow Serving 服务器，并输出返回的预测值和概率。

图 6-1 一个由作者手写的数字 5

其中使用了图像处理库 jimp 和 HTTP 库 superagent，可使用 npm install jimp 和 npm install superagent 安装。代码如下：

```
const Jimp = require('jimp')
const superagent = require('superagent')

const url = 'http://localhost:8501/v1/models/MLP:predict'

const getPixelGrey = (pic, x, y) => {
    const pointColor = pic.getPixelColor(x, y)
    const { r, g, b } = Jimp.intToRGBA(pointColor)
    const gray = +(r * 0.299 + g * 0.587 + b * 0.114).toFixed(0)
    return [ gray / 255 ]
}

const getPicGreyArray = async (fileName) => {
    const pic = await Jimp.read(fileName)
    const resizedPic = pic.resize(28, 28)
    const greyArray = []
    for ( let i = 0; i < 28; i ++ ) {
        let line = []
```

```
        for (let j = 0; j < 28; j ++) {
            line.push(getPixelGrey(resizedPic, j, i))
        }
        console.log(line.map(_ => _ > 0.3 ? ' ' : '1').join(' '))
        greyArray.push(line)
    }
    return greyArray
}

const evaluatePic = async (fileName) => {
    const arr = await getPicGreyArray(fileName)
    const result = await superagent.post(url)
        .send({
            instances: [arr]
        })
    result.body.predictions.map(res => {
        const sortedRes = res.map((_, i) => [_, i])
        .sort((a, b) => b[0] - a[0])
        console.log(`我们猜这个数字是 ${sortedRes[0][1]}，概率是 ${sortedRes[0][0]}`)
    })
}

evaluatePic('test_pic_tag_5.png')
```

上面代码的运行结果为：

```
1 1 1 1 1 1 1 1 1 1 1 1 1 1 1 1 1 1 1 1 1 1 1 1 1 1 1 1
1 1 1 1 1 1 1 1 1 1 1 1 1 1 1 1 1 1 1 1 1 1 1 1 1 1 1 1
1 1 1 1 1 1 1 1 1 1 1 1 1     1 1 1 1 1 1 1 1 1 1 1 1 1
1 1 1 1 1 1 1 1 1 1 1 1 1     1 1 1 1 1 1 1 1 1 1 1 1 1
1 1 1 1 1 1 1 1 1 1 1 1     1 1 1 1 1 1 1 1 1 1 1 1 1 1
1 1 1 1 1 1 1 1 1 1 1                 1 1 1 1 1 1 1 1 1 1
1 1 1 1 1 1 1 1 1 1                   1 1 1 1 1 1 1 1 1 1
1 1 1 1 1 1 1 1 1     1 1 1 1 1 1 1 1 1 1 1 1 1 1 1 1 1
1 1 1 1 1 1 1 1     1 1 1 1 1 1 1 1 1 1 1 1 1 1 1 1 1 1
1 1 1 1 1 1 1     1 1 1 1 1 1 1 1 1 1 1 1 1 1 1 1 1 1 1
1 1 1 1 1 1 1     1 1 1 1 1 1 1 1 1 1 1 1 1 1 1 1 1 1 1
1 1 1 1 1 1 1     1 1 1 1 1 1 1 1 1 1 1 1 1 1 1 1 1 1
1 1 1 1 1 1     1   1 1 1 1 1 1 1 1 1 1 1 1
1 1 1 1 1 1 1                 1 1 1 1 1 1 1 1 1 1
1 1 1 1 1 1 1             1 1 1 1 1 1       1 1 1 1 1 1 1 1 1
1 1 1 1 1 1 1 1 1 1 1 1 1 1 1         1 1 1 1 1 1 1 1 1
1 1 1 1 1 1 1 1 1 1 1 1 1 1 1 1         1 1 1 1 1 1 1 1 1
1 1 1 1 1 1 1 1 1 1 1 1 1 1 1 1         1 1 1 1 1 1 1 1
1 1 1 1 1 1 1 1 1 1 1 1 1 1 1 1 1         1 1 1 1 1 1 1 1
1 1 1 1 1 1 1 1 1 1 1 1 1 1 1           1 1 1 1 1 1 1 1
1 1 1 1 1 1 1 1 1 1 1 1 1           1 1 1 1 1 1 1 1 1 1
1 1 1 1 1 1 1     1 1 1           1 1 1 1 1 1 1 1 1 1 1 1
1 1 1 1 1 1 1                 1 1 1 1 1 1 1 1 1 1 1 1 1 1
1 1 1 1 1 1 1 1 1         1 1 1 1 1 1 1 1 1 1 1 1 1 1 1 1
1 1 1 1 1 1 1 1 1 1 1 1 1 1 1 1 1 1 1 1 1 1 1 1 1 1 1 1
1 1 1 1 1 1 1 1 1 1 1 1 1 1 1 1 1 1 1 1 1 1 1 1 1 1 1 1
1 1 1 1 1 1 1 1 1 1 1 1 1 1 1 1 1 1 1 1 1 1 1 1 1 1 1 1
1 1 1 1 1 1 1 1 1 1 1 1 1 1 1 1 1 1 1 1 1 1 1 1 1 1 1 1
我们猜这个数字是 5，概率是 0.846008837
```

可见输出结果符合预期。

注解

HTTP POST 是使用 HTTP 协议在客户机和服务器之间进行请求 – 响应时的常用请求方法。例如，当你用浏览器填写表单（比方说性格测试），点击"提交"按钮，然后获得返回结果（比如说"你的性格是 ISTJ"）时，就很有可能是在向服务器发送一个 HTTP POST 请求并获得了服务器的回复。

## 第 7 章

TensorFlow Lite

TensorFlow Lite（简称 TF Lite）是 TensorFlow 在移动和 IoT 等边缘设备端的解决方案，提供了 Java、Python 和 C++ API 库，可以运行在 Android、iOS 和 Raspberry Pi 等设备上。2019 年是 5G 元年，万物互联的时代已经来临。作为 TensorFlow 在边缘设备上的基础设施，TensorFlow Lite 将会扮演愈发重要的角色。

目前，TensorFlow Lite 只提供了推理功能，在服务器端进行训练后，经过如下简单处理即可部署到边缘设备上。

- ☐ **模型转换**：由于边缘设备等计算资源有限，使用 TensorFlow 训练好的模型太大、运行效率比较低，不能直接在移动端部署，需要通过相应工具转换成适合边缘设备的格式。
- ☐ **边缘设备部署**：本节以 Android 为例，简单介绍如何在 Android 应用中部署转化后的模型，完成 MNIST 图片的识别。

7.1 模型转换

模型转换工具有两种：命令行工具和 Python API。

TensorFlow 2 的模型转换工具发生了非常大的变化，我推荐大家使用 Python API 进行转换（因为命令行工具只提供了基本的转化功能），转换后的原模型为 FlatBuffers 格式。FlatBuffers 原来主要应用于游戏场景，是谷歌为了高性能场景创建的序列化库，比 Protocol Buffer 有高性能和轻量性等优势，更适合边缘设备部署。

转换方式有两种：Float 格式和 Quantized 格式。为了熟悉它们，两种方式我们都会使用。针对 Float 格式，先使用命令行工具 `tflite_convert`，它是跟随 TensorFlow 一起安装的（详见 1.1 节）。在终端执行如下命令：

```
tflite_convert -h
```

这时会输出该命令的使用方法，结果如下：

```
usage: tflite_convert [-h] --output_file OUTPUT_FILE
                      (--saved_model_dir SAVED_MODEL_DIR | --keras_model_file KERAS_MODEL_FILE)
  --output_file OUTPUT_FILE
                      Full filepath of the output file.
  --saved_model_dir SAVED_MODEL_DIR
                      Full path of the directory containing the SavedModel.
  --keras_model_file KERAS_MODEL_FILE
                      Full filepath of HDF5 file containing tf.Keras model.
```

通过第 5 章的学习，我们知道 TensorFlow 2 支持两种模型导出格式：SavedModel 和 Keras 自有模型。

使用 SavedModel 模型导出格式得到 TensorFlow Lite 模型，代码如下：

```
tflite_convert --saved_model_dir=saved/1 --output_file=mnist_savedmodel.tflite
```

使用 Keras 自有的模型导出格式得到 TensorFlow Lite 模型，代码如下：

```
tflite_convert --keras_model_file=mnist_cnn.h5 --output_file=mnist_sequential.tflite
```

到此，我们已经得到两个 TensorFlow Lite 模型。因为两者后续操作基本一致，我们在后面只介绍 SavedModel 格式的，Keras 自有的模型导出格式可以按类似方法处理。

7.2　TensorFlow Lite Android 部署

现在开始在 Android 环境下部署 TensorFlow Lite。对于国内的读者，因为需要获取 SDK 和 Gradle 编译环境等资源，所以先给 Android Studio 配置 proxy 或者使用国内的镜像。

环境设置和关键代码具体如下。

(1) 配置 build.gradle。将 build.gradle 中的 maven 源 google() 和 jcenter() 分别替换为国内镜像，如下：

```
buildscript {

    repositories {
        maven { url 'https://maven.aliyun.com/nexus/content/repositories/google' }
        maven { url 'https://maven.aliyun.com/nexus/content/repositories/jcenter' }
    }
    dependencies {
        classpath 'com.android.tools.build:gradle:3.5.1'
    }
}

allprojects {
    repositories {
        maven { url 'https://maven.aliyun.com/nexus/content/repositories/google' }
        maven { url 'https://maven.aliyun.com/nexus/content/repositories/jcenter' }
    }
}
```

(2) 配置 app/build.gradle。新建一个 Android 项目，打开 app/build.gradle 并添加如下信息：

```
android {
    aaptOptions {
        noCompress "tflite" // 编译 APK 时，不压缩 tflite 文件
    }
}

dependencies {
    implementation 'org.tensorflow:tensorflow-lite:1.14.0'
}
```

在上面的代码中，我们使用 aaptOptions 设置不压缩 tflite 文件，这是为了确保后面的 tflite 文件可以被解释器正确加载。org.tensorflow:tensorflow-lite 的最新版本号可以在相关网址查询。

修改 Gradle 配置文件后，在 Android Studio 的工具栏中选择 File → Sync Project with Gradle Files，以触发 Gradle Sync。然后，在工具栏中选择 Build → Make Project，以触发工程编译。这两个操作都比较漫长，请耐心等待。如果编译成功，则说明配置成功。

设置好后，同步并编译整个工程，如果编译成功，则说明配置成功。

(3) 将 tflite 文件添加到 assets 文件夹中。在 app 目录下新建 assets 目录，并将 mnist_savedmodel.tflite 文件保存到 assets 目录。重新编译 APK，检查新编译出来的 APK 的 assets 文件夹中是否有 mnist_cnn.tflite 文件。

点击菜单 Build → Build APK(s) 触发 APK 编译，待 APK 编译成功后，点击右下角的 Event Log。接着，点击最后一条信息中的 analyze 链接，此时会触发 APK Analyzer 查看新编译出来的 APK。若在 assets 目录下存在 mnist_savedmodel.tflite，则编译打包成功：

```
assets
    |__mnist_savedmodel.tflite
```

(4) 加载模型。使用如下函数将 mnist_savedmodel.tflite 文件加载到 memory-map 中，作为 Interpreter 实例化的输入：

```java
/** 将 Assets 中的模型映射到内存中 */
private MappedByteBuffer loadModelFile(Activity activity) throws IOException {
    AssetFileDescriptor fileDescriptor = activity.getAssets().openFd(mModelPath);
    FileInputStream inputStream = new FileInputStream(fileDescriptor.getFileDescriptor());
    FileChannel fileChannel = inputStream.getChannel();
    long startOffset = fileDescriptor.getStartOffset();
    long declaredLength = fileDescriptor.getDeclaredLength();
    return fileChannel.map(FileChannel.MapMode.READ_ONLY, startOffset, declaredLength);
}
```

提示

memory-map 可以把整个文件映射到内存中，用于提升 TensorFlow Lite 模型的读取性能。

其中，activity 是为了从 assets 中获取模型，因为我们把模型编译到 assets 中，只能通过 getAssets() 打开：

```
mTFLite = new Interpreter(loadModelFile(activity));
```

内存映射后的 MappedByteBuffer 直接作为 Interpreter 的输入，mTFLite（Interpreter）就是转换后模型的运行载体。

(5) 运行输入。我们使用 MNIST 测试集中的图片作为输入，将 MNIST 图像大小设为 28 像素 × 28 像素，因此我们输入的数据需要设置成如下格式：

```
// Float 模型相关参数
// com/dpthinker/mnistclassifier/model/FloatSavedModelConfig.java
protected void setConfigs() {
    setModelName("mnist_savedmodel.tflite");

    setNumBytesPerChannel(4);

    setDimBatchSize(1);
    setDimPixelSize(1);

    setDimImgWeight(28);
    setDimImgHeight(28);

    setImageMean(0);
    setImageSTD(255.0f);
}

// 初始化
// com/dpthinker/mnistclassifier/classifier/BaseClassifier.java
private void initConfig(BaseModelConfig config) {
    this.mModelConfig = config;
    this.mNumBytesPerChannel = config.getNumBytesPerChannel();
    this.mDimBatchSize = config.getDimBatchSize();
    this.mDimPixelSize = config.getDimPixelSize();
    this.mDimImgWidth = config.getDimImgWeight();
    this.mDimImgHeight = config.getDimImgHeight();
    this.mModelPath = config.getModelName();
}
```

将 MNIST 图片转化成 ByteBuffer，并保存到 imgData（ByteBuffer）中，代码如下：

```
// 将输入的 Bitmap 转化为 Interpreter 可以识别的 ByteBuffer
// com/dpthinker/mnistclassifier/classifier/BaseClassifier.java
protected ByteBuffer convertBitmapToByteBuffer(Bitmap bitmap) {
```

```
int[] intValues = new int[mDimImgWidth * mDimImgHeight];
scaleBitmap(bitmap).getPixels(intValues,
    0, bitmap.getWidth(), 0, 0, bitmap.getWidth(), bitmap.getHeight());

ByteBuffer imgData = ByteBuffer.allocateDirect(
    mNumBytesPerChannel * mDimBatchSize * mDimImgWidth * mDimImgHeight * mDimPixelSize);
imgData.order(ByteOrder.nativeOrder());
imgData.rewind();

// 将 imageData 中的数值从 int 类型转换为 float 类型
int pixel = 0;
for (int i = 0; i < mDimImgWidth; ++i) {
    for (int j = 0; j < mDimImgHeight; ++j) {
        int val = intValues[pixel++];
        mModelConfig.addImgValue(imgData, val); // 把 Pixel 数值转化并添加到 ByteBuffer
    }
}
return imgData;
}

// mModelConfig.addImgValue 的定义
// com/dpthinker/mnistclassifier/model/FloatSavedModelConfig.java
public void addImgValue(ByteBuffer imgData, int val) {
    imgData.putFloat(((val & 0xFF) - getImageMean()) / getImageSTD());
}
```

`convertBitmapToByteBuffer` 的输出为模型运行的输入。

(6) 运行输出。定义一个 1×10 的多维数组（因为 MNIST 数据集只有 10 个标签），具体代码如下：

```
privateFloat[][] mLabelProbArray = newFloat[1][10];
```

运行结束后，每个二级元素都是一个 Label 的概率。

(7) 运行及结果处理。运行模型，具体代码如下：

```
mTFLite.run(imgData, mLabelProbArray);
```

针对某个图片，运行后 `mLabelProbArray` 的内容就是各 Label 识别的概率。对它们进行排序，找出准确率最高的并呈现在界面上。.

在 Android 应用中，我使用了 `View.OnClickListener()` 触发 image/* 类型的 `Intent.ACTION_GET_CONTENT`，进而获取设备上的图片（只支持 MNIST 标准图片）。然后，通过 `RadioButton` 的选择情况，确认加载哪种转换后的模型，并触发真正的分类操作。这部分比较简单，读者可自行阅读代码，这里不再展开介绍。

从 MNIST 测试集中选取一张图片进行测试，得到的结果如图 7-1 所示。

图 7-1　测试结果

> **提示**
>
> 　　注意这里直接用 `mLabelProbArray` 数值中的 index 作为 Label 了，因为 MNIST 的 Label 跟 index 从 0 到 9 完全匹配。如果是其他的分类问题，则需要根据实际情况进行转换。

7.3　TensorFlow Lite Quantized 模型转换

> **提示**
>
> 　　默认的模型一般都是 `float` 类型的，Quantized 模型将原始模型转化为了 `uint8` 类型。转化后的模型体积更小、运行速度更快，但是精度会有所下降，通常可保持在可接受范围。通常，移动设备或 IoT 设备需要使用 Quantized 模型。

　　前面我们介绍了 Float 模型的转换方法，接下来我们要展示 Quantized 模型。在 TensorFlow 1.x 上，我们可以使用命令行工具转换 Quantized 模型。从我尝试的情况来看，在 TensorFlow 2 上，命令行工具目前只能转换为 Float 模型，Python API 默认转换为 Quantized 模型。

　　Python API 的转换方法如下：

```
import tensorflow as tf

converter = tf.lite.TFLiteConverter.from_saved_model('saved/1')
converter.optimizations = [tf.lite.Optimize.DEFAULT]
tflite_quant_model = converter.convert()
open("mnist_savedmodel_quantized.tflite", "wb").write(tflite_quant_model)
```

最终转换后的 Quantized 模型为同级目录下的 `mnist_savedmodel_quantized.tflite`。

相对 TensorFlow 1.x，上面的方法简化了很多，不需要考虑各种各样的参数，而谷歌也一直在优化开发者的使用体验。

在 TensorFlow 1.x 上，我们可以使用 `tflite_convert` 获得模型的具体结构，然后通过 Graphviz 将其转换为 .pdf 或 .png 等格式的文件，方便查看。在 TensorFlow 2 上，提供了一步到位的新工具 `visualize.py`，它可以直接将其转换为 .html 文件。除了模型结构，还有更清晰的关键信息总结。

提示

目前来看，`visualize.py` 应该还在开发阶段。使用前，需要先从 GitHub 上下载最新的 TensorFlow 和 FlatBuffers 源码，并且两者要在同一目录，因为 `visualize.py` 的源码是按两者在同一目录写的调用路径。

下载 TensorFlow 的命令如下：

`git clone git@github.com:tensorflow/tensorflow.git`

下载 FlatBuffers 的命令如下：

`git clone git@github.com:google/flatbuffers.git`

编译 FlatBuffers 的步骤如下（我使用的是 macOS 操作系统，其他平台请大家自行配置）。

(1) 下载 cmake：执行 `brew install cmake`。
(2) 设置编译环境：在 FlatBuffers 的根目录下执行 `cmake -G "Unix Makefiles" -DCMAKE_BUILD_TYPE=Release`。
(3) 编译：在 FlatBuffers 的根目录下执行 `make`。

编译完成后，会在根目录下生成 `flatc`，这个可执行文件是 `visualize.py` 运行所依赖的。

visualize.py 的使用方法

在 `tensorflow/tensorflow/lite/tools` 目录下，执行如下命令：

```
python visualize.py mnist_savedmodel_quantized.tflite mnist_savedmodel_quantized.html
```

可以生成可视化报告的关键信息,如图 7-2 所示。

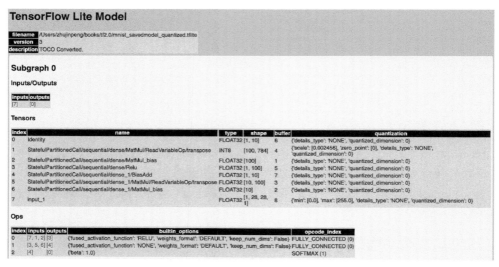

图 7-2　可视化报告的关键信息

模型 `mnist_savedmodel_quantized.tflite` 的结构如图 7-3 所示。

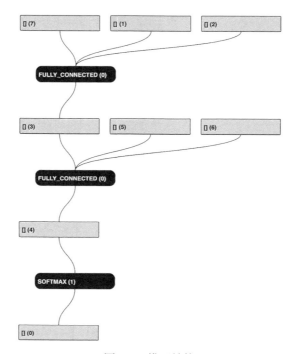

图 7-3　模型结构

可见，Input 和 Output 格式都是 FLOAT32 的多维数组，Input 的 min 和 max 分别是 0.0 和 255.0。

跟 Float 模型相比，Input 和 Output 的格式是一致的，所以可以复用 Float 模型部署 Android 过程中的配置。

> **提示**
>
> 暂时不确定这里是否是 TensorFlow 2 上的优化，如果是这样的话，那么对开发者来说会非常友好，因为归一化了 Float 和 Quantized 的模型处理。

具体配置如下：

```java
// Quantized 模型相关参数
// com/dpthinker/mnistclassifier/model/QuantSavedModelConfig.java
public class QuantSavedModelConfig extends BaseModelConfig {
    @Override
    protected void setConfigs() {
        setModelName("mnist_savedmodel_quantized.tflite");

        setNumBytesPerChannel(4);

        setDimBatchSize(1);
        setDimPixelSize(1);

        setDimImgWeight(28);
        setDimImgHeight(28);

        setImageMean(0);
        setImageSTD(255.0f);
    }

    @Override
    public void addImgValue(ByteBuffer imgData, int val) {
        imgData.putFloat(((val & 0xFF) - getImageMean()) / getImageSTD());
    }
}
```

运行结果如图 7-4 所示。

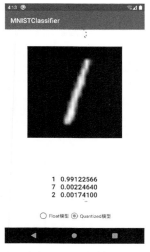

图 7-4 运行结果

Float 模型与 Quantized 模型的大小与性能对比如表 7-1 所示。

表 7-1 Float 模型与 Quantized 模型对比

模型类别	Float	Quantized
模型大小	312 KB	82 KB
运行性能	5.858 854 ms	1.439 062 ms

可见，Quantized 模型在模型大小和运行性能上相对 Float 模型都有非常大的提升。不过，在我试验的过程中发现，有些图片在 Float 模型上被正确识别，但在 Quantized 模型上却被错误识别。可见 Quantized 模型的识别精度还是略有下降的。在边缘设备上资源有限，需要权衡模型大小、运行速度与识别精度。

7.4 总结

本章介绍了如何从零开始在 Android 应用中部署 TensorFlow Lite[①]，包括：

❏ 如何将训练好的 MNIST SavedModel 模型转换为 Float 模型和 Quantized 模型；
❏ 如何使用 visualize.py 解读结果信息；
❏ 如何将转换后的模型部署到 Android 应用中。

我刚开始写这部分内容的时候还是 TensorFlow 1.x，在最近（2019 年 10 月初）与 TensorFlow 2 比较的时候，发现有了很多变化，TensorFlow 2 整体上是比原来更简单了。不过文档部分很多讲得还是比较模糊，很多地方还需要看源码摸索。

---

① 更进阶的 TensorFlow Lite 应用案例参考第 18 章。

第 8 章

TensorFlow.js

如图 8-1 所示，TensorFlow.js 是 TensorFlow 的 JavaScript 版本，支持 GPU 硬件加速，可以运行在 Node.js 或浏览器环境中。它不但支持基于 JavaScript 从头开发、训练和部署模型，也可以用来运行已有的 Python 版 TensorFlow 模型，或者基于现有的模型继续训练。

图 8-1　TensorFlow.js

TensorFlow.js 支持 GPU 硬件加速。如图 8-2 所示，在 Node.js 环境中，如果有 CUDA 环境支持，或者在浏览器环境中有 WebGL 环境支持，那么 TensorFlow.js 可以使用硬件进行加速。

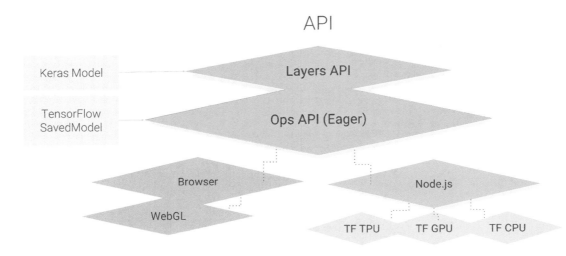

图 8-2　TensorFlow.js 架构图

本章将基于 TensorFlow.js 1.0 向大家简单介绍如何基于 ES6 的 JavaScript 进行 TensorFlow.js 开发，然后提供两个例子进行详细讲解，最终使用纯 JavaScript 进行 TensorFlow 模型的开发、训练和部署。

8.1 TensorFlow.js 环境配置

TensorFlow 的运行环境非常灵活，它既可以直接内嵌在浏览器的 HTML 中加载，也可以在服务器的 Node.js 环境中运行，同时还对微信小程序提供了专门的优化支持。

8.1.1 在浏览器中使用 TensorFlow.js

TensorFlow.js 可以让用户直接在浏览器中加载 TensorFlow，这样我们就可以立即通过本地的 CPU 或 GPU 资源进行所需的机器学习运算，更灵活地进行 AI 应用的开发。

相比服务器端，在浏览器中进行机器学习将拥有以下四大优势：

- □ 不需要安装软件或驱动（打开浏览器即可使用）；
- □ 可以通过浏览器进行更加方便的人机交互；
- □ 可以通过手机浏览器，调用手机硬件的各种传感器（如 GPS、电子罗盘、加速度传感器、摄像头等）；
- □ 用户的数据无须上传到服务器，在本地即可完成所需操作。

这些优势将给 TensorFlow.js 带来极高的灵活性。比如谷歌 Creative Lab 在 2018 年 7 月发布的 Move Mirror，我们可以在手机上打开浏览器，通过手机摄像头检测视频中用户的动作，然后通过检索图片数据库，给用户显示一个和他当前动作最相似的照片，如图 8-3 所示。在 Move Mirror 的运行过程中，数据没有上传到服务器，所有的运算都是在手机本地基于手机的 CPU 或 GPU 完成的，这项技术将使 Serverless 与 AI 的结合成为可能。

图 8-3 显示和用户动作最相似的照片

在浏览器中加载 TensorFlow.js 的最方便的办法是，在 HTML 中直接引用 TensorFlow.js 发布的 NPM 包中已经打包安装好的 JavaScript 代码：

```
<html>
<head>
    <script src="http://unpkg.com/@tensorflow/tfjs/dist/tf.min.js"></script>
```

8.1.2　在 Node.js 中使用 TensorFlow.js

在服务器端使用 JavaScript，首先需要按照 Node.js 官网的说明，完成最新版本 Node.js 的安装。然后，通过以下 4 个步骤即可完成配置。

(1) 确认 Node.js 的版本（v10 或更新的版本）：

```
$ node --verion
v10.5.0

$ npm --version
6.4.1
```

(2) 建立 TensorFlow.js 项目目录：

```
$ mkdir tfjs
$ cd tfjs
```

(3) 安装 TensorFlow.js：

```
# 初始化项目管理文件 package.json
$ npm init -y

# 安装 tfjs 库，纯 JavaScript 版本
$ npm install @tensorflow/tfjs

# 安装 tfjs-node 库，C Binding 版本
$ npm install @tensorflow/tfjs-node

# 安装 tfjs-node-gpu 库，支持 CUDA GPU 加速
$ npm install @tensorflow/tfjs-node-gpu
```

(4) 确认 Node.js 和 TensorFlow.js 正常工作：

```
$ node
> require('@tensorflow/tfjs').version
{
    'tfjs-core': '1.3.1',
    'tfjs-data': '1.3.1',
    'tfjs-layers': '1.3.1',
    'tfjs-converter': '1.3.1',
    tfjs: '1.3.1'
}
>
```

如果你看到了上面的 `tfjs-core`、`tfjs-data`、`tfjs-layers` 和 `tfjs-converter` 的输出信息，那么就说明环境配置没有问题了。

在 JavaScript 程序中，通过以下指令可以引入 TensorFlow.js：

```
import * as tf from '@tensorflow/tfjs'
console.log(tf.version.tfjs)
// Output: 1.3.1
```

▶ **使用 `import` 加载 JavaScript 模块**

`import` 是 JavaScript ES6 版本才拥有的新特性，可以粗略认为它等价于 `require`。比如：`import * as tf from '@tensorflow/tfjs'` 和 `const tf = require('@tensorflow/tfjs')` 对于上面的示例代码是等价的。如果你希望了解更多信息，可以访问 MDN 文档。

8.1.3 在微信小程序中使用 TensorFlow.js

TensorFlow.js 微信小程序插件封装了 TensorFlow.js 库，便于第三方小程序调用。

在使用插件前，首先要在小程序管理后台的"设置"→"第三方服务"→"插件管理"中添加插件。开发者可登录小程序管理后台，通过 appid `_wx6afed118d9e81df9_` 查找插件并添加。本插件无须申请，添加后可直接使用。

在微信小程序中使用 TensorFlow.js 可以参考 TFJS Mobilenet 的例子，它实现了在微信小程序中进行物体识别的功能。

▶ **TensorFlow.js 微信小程序教程**

为了推动人工智能在微信小程序中的应用发展，谷歌专门为微信小程序打造了最新的 TensorFlow.js 插件，并联合谷歌认证机器学习专家、微信、腾讯课堂 NEXT 学院，联合推出了"NEXT 学院：TensorFlow.js 遇到小程序"课程，帮助小程序开发者更快上手，为他们带来流畅的 TensorFlow.js 开发体验。

上述课程主要以一个姿态检测模型 PoseNet 作为案例，介绍了如何将 TensorFlow.js 插件嵌入微信小程序，并基于它进行开发，包括配置、功能调用、加载模型等。此外，该课程还介绍了如何将在 Python 环境下训练好的模型转换并载入小程序。

本章作者也参与了课程制作，课程中的案例简单、有趣、易上手，通过学习，可以快速熟悉 TensorFlow.js 在小程序中的开发和应用。有兴趣的读者可以前往 NEXT 学院进行后续的深度学习。

8.2　TensorFlow.js 模型部署

TensorFlow.js 支持所有 Python 可以加载的模型。在 Node.js 环境中，直接通过 API 加载即可，而在浏览器环境中，需要做一次转换处理，转存为浏览器能够直接支持的 JSON 格式。

8.2.1　在浏览器中加载 Python 模型

一般情况下，TensorFlow 的模型会被存储为 SavedModel 格式，这也是谷歌目前推荐的模型保存最佳格式。SavedModel 格式可以通过 tensorflowjs-converter 转换器转换为可以直接被 TensorFlow.js 加载的格式，从而在 JavaScript 语言中使用。

在浏览器中加载 Python 模型时，我们首先要安装 tensorflowjs_converter：

```
$ pip install tensorflowjs
```

tensorflowjs_converter 的使用细节，可以通过 --help 参数查看：

```
$ tensorflowjs_converter --help
```

然后我们以 Mobilenet v1 为例，看一下如何对模型文件进行转换操作，并将可以被 TensorFlow.js 加载的模型文件存放到 /mobilenet/tfjs_model 目录下。

先将模型文件转换为 SavedModel 格式，即将 /mobilenet/saved_model 转换到 /mobilenet/tfjs_model：

```
tensorflowjs_converter \
    --input_format=tf_saved_model \
    --output_node_names='MobilenetV1/Predictions/Reshape_1' \
    --saved_model_tags=serve \
    /mobilenet/saved_model \
    /mobilenet/tfjs_model
```

转换完成的模型保存为了两类文件。

❑ model.json：模型架构。
❑ group1-shard*of*：模型参数。

举例来说，MobileNetV2 转换出来的文件如下：

❑ /mobilenet/tfjs_model/model.json
❑ /mobilenet/tfjs_model/group1-shard1of5
❑ /mobilenet/tfjs_model/group1-shard2of5
　　......
❑ /mobilenet/tfjs_model/group1-shard5of5

为了加载转换完成的模型文件，我们还需要安装 `tfjs-converter` 和 `@tensorflow/tfjs` 模块：

```
$ npm install @tensorflow/tfjs
```

接着，我们就可以通过 JavaScript 来加载 TensorFlow 模型了：

```
import * as tf from '@tensorflow/tfjs'

const MODEL_URL = '/mobilenet/tfjs_model/model.json'

const model = await tf.loadGraphModel(MODEL_URL)

const cat = document.getElementById('cat')
model.execute(tf.browser.fromPixels(cat))
```

▶ **转换 TensorFlow Hub 模型** [①]

将 TensorFlow Hub 模型 **https://tfhub.dev/google/imagenet/mobilenet_v1_100_224/classification/1** 转换到 /mobilenet/tfjs_model 的代码为：

```
tensorflowjs_converter \\
    --input_format=tf_hub \\
    'https://tfhub.dev/google/imagenet/mobilenet_v1_100_224/classification/1' \\
/mobilenet/tfjs_model
```

8.2.2 在 Node.js 中执行原生 SavedModel 模型

除了通过转换工具 tfjs-converter 将 TensorFlow SavedModel 模型、TF Hub 模型或 Keras 模型转换为 JavaScript 浏览器兼容的格式之外，如果我们在 Node.js 环境中运行，还可以使用 TensorFlow C++ 的接口直接运行原生的 SavedModel 模型。

在 TensorFlow.js 中运行原生的 SavedModel 模型非常简单，我们只需要把预训练的 TensorFlow 模型存为 SavedModel 格式，并通过 `@tensorflow/tfjs-node` 包或 `tfjs-node-gpu` 包将模型加载到 Node.js 中进行推理即可，无须使用转换工具 `tfjs-converter`。

预训练的 TensorFlow SavedModel 可以通过一行代码在 JavaScript 中加载模型并用于推理：

```
const model = await tf.node.loadSavedModel(path)
const output = model.predict(input)
```

此外，也可以将多个输入以数组或图的形式提供给模型：

```
const model1 = await tf.node.loadSavedModel(path1, [tag], signatureKey)
const outputArray = model1.predict([inputTensor1, inputTensor2])
const model2 = await tf.node.loadSavedModel(path2, [tag], signatureKey)
const outputMap = model2.predict({input1: inputTensor1, input2:inputTensor2})
```

① 更多有关 TensorFlow Hub 的内容见第 11 章。

此功能需要 @tensorflow/tfjs-node 版本为 1.3.2 或更高，同时支持 CPU 和 GPU。它支持 TensorFlow 训练和导出的 SavedModel 格式。由此带来的好处除了无须进行任何转换之外，原生执行 TensorFlow SavedModel 意味着你可以在模型中使用 TensorFlow.js 尚未支持的算子。这要通过将 SavedModel 作为 TensorFlow 会话加载到 C++ 中进行绑定予以实现。

8.2.3　使用 TensorFlow.js 模型库

TensorFlow.js 提供了一系列预训练好的模型，方便大家快速地给自己的程序引入人工智能能力。

模型分类包括图像识别、语音识别、人体姿态识别、物体识别、文字分类等，这些 API 的默认模型文件都存储在谷歌云上。在程序内使用模型 API 时，要提供模型地址作为参数，指向谷歌中国的镜像服务器。

8.2.4　在浏览器中使用 MobileNet 进行摄像头物体识别

本节中，我们将通过撰写一个简单的 HTML 页面来调用 TensorFlow.js 并加载预训练好的 MobileNet 模型，最终在用户的浏览器页面中，通过摄像头捕捉图像，并对图像中的物体进行分类。

(1) 建立一个 HTML 文件，在头信息中通过将 NPM 模块转换为在线可以引用的免费服务 unpkg.com 来加载 @tensorflow/tfjs 和 @tensorflow-models/mobilenet 这两个 TFJS 模块：

```
<head>
    <script src="https://unpkg.com/@tensorflow/tfjs"></script>
    <script src="https://unpkg.com/@tensorflow-models/mobilenet"> </script>
</head>
```

(2) 声明 3 个 HTML 元素：用来显示视频的 <video>、用来显示我们截取特定帧的 <img>，以及用来显示检测文字结果的 <p>。代码如下：

```
<video width=400 height=300></video>
<p></p>
<img width=400 height=300 />
```

(3) 通过 JavaScript 将对应的 HTML 元素进行初始化。变量 video、image、status 分别用来对应 HTML 元素 <video>、<img>、<p>。canvas 和 ctx 用来中转存储从摄像头获取的视频流数据。model 将用来存储我们从网络上加载的 MobileNet。相关代码如下：

```
const video = document.querySelector('video')
const image = document.querySelector('img')
const status = document.querySelector("p")

const canvas = document.createElement('canvas')
const ctx = canvas.getContext('2d')

let model
```

（4）**main()** 用来初始化整个系统，完成 MobileNet 模型加载。将用户摄像头的数据绑定到 HTML 元素 **<video>** 上，最后触发 **refresh()** 函数，进行定期刷新操作：

```
async function main () {
    status.innerText = "Model loading..."
    model = await mobilenet.load()
    status.innerText = "Model is loaded!"

    const stream = await navigator.mediaDevices.getUserMedia({ video: true })
    video.srcObject = stream
    await video.play()

    canvas.width = video.videoWidth
    canvas.height = video.videoHeight

    refresh()
}
```

（5）refresh() 函数用来从视频中取出当前一帧图像，然后通过 MobileNet 模型进行分类，并将分类结果显示在网页上。接着通过 **setTimeout** 重复执行自己，实现持续对视频图像进行处理的功能。相关代码如下：

```
async function refresh(){
    ctx.drawImage(video, 0,0)
    image.src = canvas.toDataURL('image/png')

    await model.load()
    const predictions = await model.classify(image)

    const className = predictions[0].className
    const percentage = Math.floor(100 * predictions[0].probability)

    status.innerHTML = percentage + '%' + ' ' + className

    setTimeout(refresh, 100)
}
```

整体功能只需要一个文件，使用几十行 HTML 或 JavaScript 即可实现。我们能够直接在浏览器中运行，完整的 HTML 代码如下：

```
<html>

<head>
    <script src="https://unpkg.com/@tensorflow/tfjs"></script>
    <script src="https://unpkg.com/@tensorflow-models/mobilenet"> </script>
</head>

<video width=400 height=300></video>
<p></p>
<img width=400 height=300 />
```

```
<script>
    const video = document.querySelector('video')
    const image = document.querySelector('img')
    const status = document.querySelector("p")

    const canvas = document.createElement('canvas')
    const ctx = canvas.getContext('2d')

    let model

    main()

    async function main () {
        status.innerText = "Model loading..."
        model = await mobilenet.load()
        status.innerText = "Model is loaded!"

        const stream = await navigator.mediaDevices.getUserMedia({ video: true })
        video.srcObject = stream
        await video.play()

        canvas.width = video.videoWidth
        canvas.height = video.videoHeight

        refresh()
    }

    async function refresh(){
        ctx.drawImage(video, 0,0)
        image.src = canvas.toDataURL('image/png')

        await model.load()
        const predictions = await model.classify(image)

        const className = predictions[0].className
        const percentage = Math.floor(100 * predictions[0].probability)

        status.innerHTML = percentage + '%' + ' ' + className

        setTimeout(refresh, 100)
    }

</script>

</html>
```

运行效果如图 8-4 所示，水杯被系统识别为了"beer glass"，置信度为 90%。

图 8-4　在浏览器中运行 MobileNet：杯子识别

8.3*　TensorFlow.js 模型训练与性能对比

与 TensorFlow Serving 和 TensorFlow Lite 不同，TensorFlow.js 不仅支持模型的部署和推断，还支持直接在 TensorFlow.js 中进行模型训练。

在本书的基础篇中，我们已经为读者展示了如何用 Python 语言对某城市 2013~2017 年的房价进行线性回归，即使用线性模型 $y = ax + b$ 来拟合房价数据。

下面我们改用 TensorFlow.js 来实现一个 JavaScript 版本。

首先，我们定义数据来进行基本的归一化操作：

```
const xsRaw = tf.tensor([2013, 2014, 2015, 2016, 2017])
const ysRaw = tf.tensor([12000, 14000, 15000, 16500, 17500])

// 归一化
const xs = xsRaw.sub(xsRaw.min())
                .div(xsRaw.max().sub(xsRaw.min()))
const ys = ysRaw.sub(ysRaw.min())
                .div(ysRaw.max().sub(ysRaw.min()))
```

▶ JavaScript 中的胖箭头函数（fat arrow function）

从 JavaScript 的 ES6 版本开始，允许使用箭头函数（=>）来简化函数的声明和书写，这类似于 Python 中的 lambda 表达式。例如，箭头函数：

```
const sum = (a, b) => {
    return a + b
}
```

在效果上等价为如下的传统函数：

```
const sum = function (a, b) {
    return a + b
}
```

不过箭头函数没有自己的 this 和 arguments，既不可以被当作构造函数（new），也不可以被当作 Generator（无法使用 yield）。感兴趣的读者可以参考 MDN 文档了解更多。

▶ TensorFlow.js 中的 dataSync() 系列数据同步函数

dataSync() 函数的作用是把 Tensor 数据从 GPU 中取回来，可以理解为与 Python 中的 .numpy() 功能相当，即将数据取回，供本地计算使用或显示。感兴趣的读者可以参考 TensorFlow.js 文档了解更多。

▶ TensorFlow.js 中的 sub() 系列数学计算函数

TensorFlow.js 支持 tf.sub(a, b) 和 a.sub(b) 这两种方法的数学函数调用，其效果是等价的，读者可以根据自己的喜好来选择。

然后我们来求线性模型中两个参数 a 和 b 的值：使用 loss() 计算损失，使用 optimizer.minimize() 自动更新模型参数。相关代码如下：

```
const a = tf.scalar(Math.random()).variable()
const b = tf.scalar(Math.random()).variable()

// y = a * x + b
const f = (x) => a.mul(x).add(b)
const loss = (pred, label) => pred.sub(label).square().mean()

const learningRate = 1e-3
const optimizer = tf.train.sgd(learningRate)

// 训练模型
for (let i = 0; i < 10000; i++) {
    optimizer.minimize(() => loss(f(xs), ys))
}
```

```
// 预测
console.log(`a: ${a.dataSync()}, b: ${b.dataSync()}`)
const preds = f(xs).dataSync()
const trues = ys.arraySync()
preds.forEach((pred, i) => {
    console.log(`x: ${i}, pred: ${pred.toFixed(2)}, true: ${trues[i].toFixed(2)}`)
})
```

从下面的输出样例中可以看到，已经拟合得比较接近了：

```
a: 0.9339302778244019, b: 0.08108722418546677
x: 0, pred: 0.08, true: 0.00
x: 1, pred: 0.31, true: 0.36
x: 2, pred: 0.55, true: 0.55
x: 3, pred: 0.78, true: 0.82
x: 4, pred: 1.02, true: 1.00
```

我们直接在浏览器中运行它，完整的 HTML 代码如下：

```
<html>
<head>
    <script src="http://unpkg.com/@tensorflow/tfjs/dist/tf.min.js"></script>
    <script>
    const xsRaw = tf.tensor([2013, 2014, 2015, 2016, 2017])
    const ysRaw = tf.tensor([12000, 14000, 15000, 16500, 17500])

    // 归一化
    const xs = xsRaw.sub(xsRaw.min())
                    .div(xsRaw.max().sub(xsRaw.min()))
    const ys = ysRaw.sub(ysRaw.min())
                    .div(ysRaw.max().sub(ysRaw.min()))

    const a = tf.scalar(Math.random()).variable()
    const b = tf.scalar(Math.random()).variable()

    // y = a * x + b
    const f = (x) => a.mul(x).add(b)
    const loss = (pred, label) => pred.sub(label).square().mean()

    const learningRate = 1e-3
    const optimizer = tf.train.sgd(learningRate)

    // 训练模型
    for (let i = 0; i < 10000; i++) {
        optimizer.minimize(() => loss(f(xs), ys))
    }

    // 预测
    console.log(`a: ${a.dataSync()}, b: ${b.dataSync()}`)
    const preds = f(xs).dataSync()
    const trues = ys.arraySync()
    preds.forEach((pred, i) => {
        console.log(`x: ${i}, pred: ${pred.toFixed(2)}, true: ${trues[i].toFixed(2)}`)
    })
    </script>
</head>
</html>
```

TensorFlow.js 性能对比

关于 TensorFlow.js 的性能，谷歌官方做了一份基于 MobileNet 的评测，我们可以将其作为参考。评测是基于 MobileNet 的 TensorFlow 模型，将其 JavaScript 版本和 Python 版本各运行两百次，其评测结论如图 8-5 所示。

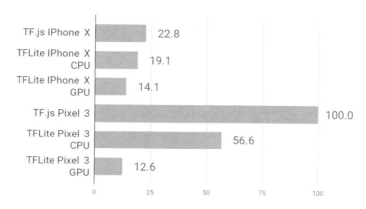

图 8-5　TensorFlow.js 性能测评：手机浏览器（单位：毫秒）

从图 8-5 中可以看出，在 iPhone X 上需要的时间为 22.8 毫秒，在 Pixel 3 上需要的时间为 100.0 毫秒。与 TensorFlow Lite 代码基准相比，手机浏览器中的 TensorFlow.js 在 iPhone X 上的运行时间约为基准的 1.2 倍，在 Pixel 3 上的运行时间约为基准的 1.8 倍。

在浏览器中，TensorFlow.js 可以使用 WebGL 进行硬件加速，将 GPU 资源使用起来。台式机的浏览器性能如图 8-6 所示。

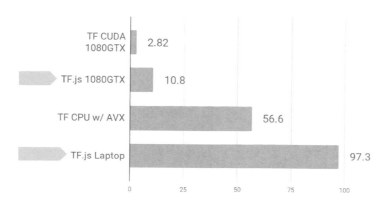

图 8-6　TensorFlow.js 性能测评：台式机浏览器（单位：毫秒）

从图 8-6 中可以看出，在 CPU 上需要的时间为 97.3 毫秒，在 GPU（WebGL）上需要的时间为 10.8 毫秒。与 Python 代码基准相比，浏览器中的 TensorFlow.js 在 CPU 上的运行时间约为基准的 1.7 倍，在 GPU（WebGL）上的运行时间约为基准的 3.8 倍。

在 Node.js 中，TensorFlow.js 既可以用 JavaScript 来加载转换后的模型，也可以使用 TensorFlow 的 C++ Binding，这两种方式分别接近和超越了 Python 的性能，如图 8-7 所示。

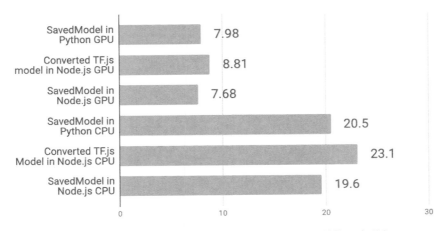

图 8-7　TensorFlow.js 性能测评：Node.js（单位：毫秒）

从图 8-7 中可以看出，在 CPU 上运行原生模型的时间为 19.6 毫秒，在 GPU（CUDA）上运行原生模型的时间为 7.68 毫秒。与 Python 代码基准相比，Node.js 的 TensorFlow.js 在 CPU 和 GPU 上的运行时间都比基准快 4%。

大规模训练篇

第 9 章

TensorFlow 分布式训练

当我们拥有大量计算资源时，通过使用合适的分布式策略可以充分利用这些计算资源，从而大幅压缩模型训练的时间。针对不同的使用场景，TensorFlow 在 `tf.distribute.Strategy` 中为我们提供了若干种分布式策略，使得我们能够更高效地训练模型。

9.1 单机多卡训练：`MirroredStrategy`

`tf.distribute.MirroredStrategy` 是一种简单、高性能、数据并行的同步式分布式策略，主要支持多个 GPU 在同一台主机上训练。在使用这种策略时，我们只需实例化一个 `MirroredStrategy` 策略：

```
strategy = tf.distribute.MirroredStrategy()
```

并将模型构建的代码放入 `strategy.scope()` 的上下文环境中：

```
with strategy.scope():
    # 模型构建代码
```

> **小技巧**
>
> 我们可以在参数中指定设备，如：
>
> ```
> strategy = tf.distribute.MirroredStrategy(devices=["/gpu:0", "/gpu:1"])
> ```
>
> 即指定只使用第 0、1 号 GPU 参与分布式策略。

以下代码展示了使用 `MirroredStrategy` 策略，在第 12 章中的部分图像数据集上使用 Keras 训练 MobileNetV2 的过程：

```
import tensorflow as tf
import tensorflow_datasets as tfds

num_epochs = 5
batch_size_per_replica = 64
```

```
learning_rate = 0.001

strategy = tf.distribute.MirroredStrategy()
print('Number of devices: %d' % strategy.num_replicas_in_sync)  # 输出设备数量
batch_size = batch_size_per_replica * strategy.num_replicas_in_sync

# 载入数据集并预处理
def resize(image, label):
    image = tf.image.resize(image, [224, 224]) / 255.0
    return image, label

# 使用 TensorFlow Datasets 载入猫狗分类数据集，详见第 12 章
dataset = tfds.load("cats_vs_dogs", split=tfds.Split.TRAIN, as_supervised=True)
dataset = dataset.map(resize).shuffle(1024).batch(batch_size)

with strategy.scope():
    model = tf.keras.applications.MobileNetV2()
    model.compile(
        optimizer=tf.keras.optimizers.Adam(learning_rate=learning_rate),
        loss=tf.keras.losses.sparse_categorical_crossentropy,
        metrics=[tf.keras.metrics.sparse_categorical_accuracy]
    )

model.fit(dataset, epochs=num_epochs)
```

在以下的测试中，我们使用同一台主机上的 4 块 NVIDIA GeForce GTX 1080 Ti 显卡进行单机多卡的模型训练。所有测试的 epoch 数均为 5。使用单机无分布式配置时，虽然机器依然具有 4 块显卡，但程序不使用分布式的设置，直接进行训练，批次大小设置为 64。使用单机四卡时，测试总批次大小为 64（分发到单台机器的批次大小为 16）和总批次大小为 256（分发到单台机器的批次大小为 64）两种情况，如表 9-1 所示。

表 9-1　单机四卡模型训练

数　据　集	单机无分布式（批次大小为 64）	单机四卡（总批次大小为 64）	单机四卡（总批次大小为 256）
cats_vs_dogs	146 s/epoch	39 s/epoch	29 s/epoch
tf_flowers	22 s/epoch	7 s/epoch	5 s/epoch

可见，使用 MirroredStrategy 后，模型训练速度有了大幅提高。在所有显卡性能差不多的情况下，训练时长与显卡数目接近反比关系。

▶ **MirroredStrategy 过程简介**

使用 MirrorStrategy 进行分布式训练的步骤如下：

(1) 在训练开始前，该策略在所有的 N 个计算设备上均各复制一份完整的模型；

(2) 每次训练传入一个批次的数据时，将数据分成 N 份，分别传入 N 个计算设备（数据并行）；

(3) N 个计算设备使用本地变量（镜像变量）分别计算自己所获得的部分数据的梯度；

（4）使用分布式计算的 **all-reduce** 操作，再计算设备间高效交换梯度数据并进行求和，使得最终每个设备都拥有所有设备的梯度之和；

（5）使用梯度求和的结果更新本地变量（镜像变量）；

（6）当所有设备均更新本地变量后，进行下一轮训练（也就是说，该并行策略是同步的）。

在默认情况下，TensorFlow 中的 `MirroredStrategy` 策略使用 NVIDIA NCCL 进行 **all-reduce** 操作。

9.2　多机训练：`MultiWorkerMirroredStrategy`

多机训练的方法和单机多卡类似，将 `MirroredStrategy` 更换为适合多机训练的 `MultiWorker-MirroredStrategy` 即可。不过，由于涉及多台计算机之间的通信，还需要进行一些额外的设置。具体而言，需要设置环境变量 `TF_CONFIG`，示例如下：

```
os.environ['TF_CONFIG'] = json.dumps({
    'cluster': {
        'worker': ["localhost:20000", "localhost:20001"]
    },
    'task': {'type': 'worker', 'index': 0}
})
```

`TF_CONFIG` 由 cluster 和 task 两部分组成。

❑ cluster 字段说明了整个多机集群的结构和每台机器的网络地址（IP + 端口号）。对于每一台机器，cluster 字段的值都是相同的。

❑ task 字段说明了当前机器的角色。例如，`{'type': 'worker', 'index': 0}` 说明当前机器是 cluster 中的第 0 个 worker（即 `localhost:20000`）。每一台机器的 task 字段的值都需要针对当前主机分别进行设置。

以上内容设置完成后，在所有的机器上逐个运行训练代码即可。先运行的代码在尚未与其他主机连接时，会进入监听状态，待整个集群的连接建立完毕后，所有的机器会同时开始训练。

提示

请注意各台机器上防火墙的设置，尤其需要开放与其他主机通信的端口。如上例的 0 号 worker 需要开放 20000 端口，1 号 worker 需要开放 20001 端口。

以下示例的训练任务与前面相同，只不过迁移到了多机训练环境中。假设我们有两台机器，即首先在两台机器上均部署下面的程序，唯一的区别是 task 部分，将第一台机器的 task 设置为 `{'type': 'worker', 'index': 0}`，将第二台机器的 task 设置为 `{'type': 'worker', 'index': 1}`。接下来，在两台机器上依次运行程序，待通信成功后，即会自动开始训练流程。相关代码如下：

```python
import tensorflow as tf
import tensorflow_datasets as tfds
import os
import json

num_epochs = 5
batch_size_per_replica = 64
learning_rate = 0.001

num_workers = 2
os.environ['TF_CONFIG'] = json.dumps({
    'cluster': {
        'worker': ["localhost:20000", "localhost:20001"]
    },
    'task': {'type': 'worker', 'index': 0}
})
strategy = tf.distribute.experimental.MultiWorkerMirroredStrategy()
batch_size = batch_size_per_replica * num_workers

def resize(image, label):
    image = tf.image.resize(image, [224, 224]) / 255.0
    return image, label

dataset = tfds.load("cats_vs_dogs", split=tfds.Split.TRAIN, as_supervised=True)
dataset = dataset.map(resize).shuffle(1024).batch(batch_size)

with strategy.scope():
    model = tf.keras.applications.MobileNetV2()
    model.compile(
        optimizer=tf.keras.optimizers.Adam(learning_rate=learning_rate),
        loss=tf.keras.losses.sparse_categorical_crossentropy,
        metrics=[tf.keras.metrics.sparse_categorical_accuracy]
    )

model.fit(dataset, epochs=num_epochs)
```

我们在 Google Cloud Platform 分别建立两台具有单张 NVIDIA Tesla K80 GPU 的虚拟机（具体建立方式参见附录 C），并分别测试在使用一个 GPU 时的训练时长和使用两台虚拟机实例进行分布式训练的训练时长。所有测试的 epoch 数均为 5。使用单机单卡时，批次大小设置为 64。使用双机单卡时，测试总批次大小为 64（分发到单台机器的批次大小为 32）和总批次大小为 128（分发到单台机器的批次大小为 64）两种情况。结果如表 9-2 所示。

表 9-2　单机单卡模型训练

数　据　集	单机单卡（批次大小为 64）	双机单卡（总批次大小为 64）	双机单卡（总批次大小 为 128）
cats_vs_dogs	1622 s	858 s	755 s
tf_flowers	301 s	152 s	144 s

可见，模型训练的速度同样有大幅度提高。在所有机器性能接近的情况下，训练时长与机器的数目接近反比关系。

第 10 章

使用 TPU 训练 TensorFlow 模型

2017 年 5 月，AlphaGo 在中国乌镇围棋峰会上与当时世界第一棋士柯洁比试，取得 3：0 全胜战绩。之后的 Alpha Zero 版本可以通过自我学习，在 21 天达到 AlphaGo Master 的水平。

AlphaGo 背后的动力全部由 TPU 提供，TPU 使其能够更快地"思考"并在每一步之间看得更远。

10.1 TPU 简介

TPU 代表张量处理单元（tensor processing unit），是谷歌在 2016 年 5 月发布的为机器学习而构建的定制集成电路（ASIC），并专门为 TensorFlow 进行了量身定制。

早在 2015 年，谷歌大脑团队就成立了第一个 TPU 中心，为 Google Translation、Google Photos 和 Gmail 等产品提供支持。为了使所有数据科学家和开发人员能够访问相关技术，不久之后就发布了易使用、可扩展且功能强大的基于云的 TPU，可以在 Google Cloud 上运行 TensorFlow 模型。

TPU 由多个计算核心（tensor core）组成，其中包括标量、矢量和矩阵单元（MXU）。TPU 与 CPU（中央处理单元）和 GPU（图形处理单元）最重要的区别是：TPU 的硬件专为线性代数而设计，线性代数是深度学习的基石。在过去的几年中，谷歌的 TPU 已经发布了 v1、v2、v3、v2 Pod、v3 Pod、Edge 等多个版本，如表 10-1 所示。

表 10-1　各 TPU 版本介绍

版　　本	图　　片	性　　能	内　　存
TPU（v1，2015）		92 TeraFLOPS	8 GB HBM

（续）

版　本	图　片	性　能	内　存
Cloud TPU（v2，2017）		180 TeraFLOPS	64 GB HBM
Cloud TPU（v3，2018）		420 TeraFLOPS	128 GB HBM
Cloud TPU Pod（v2，2017）		11 500 TeraFLOPS	4096 GB HBM
Cloud TPU Pod（v3，2018）		100 000+ TeraFLOPS	32 768 GB HBM
Edge TPU（Coral，2019）		4 TeraFLOPS	—

- Tera：万亿，10 的 12 次方。
- Peta：千万亿，10 的 15 次方。
- FLOPS：每秒浮点数计算次数。
- OPS：每秒位整数计算次数。

基于 Google Cloud，可以方便地建立和使用 TPU。同时，谷歌也推出了专门为边缘计算环境部署的 Edge TPU。Edge TPU 尺寸小、功耗低、性能高，可以在边缘计算环境中广泛部署高质量的 AI。Edge TPU 作为 Cloud TPU 的补充，可以大大促进 AI 解决方案在 IoT 环境中的部署。

使用 Cloud TPU，可以大大提升 TensorFlow 进行机器学习训练和预测时的性能，并能够灵活地帮助研究人员、开发人员和企业级 TensorFlow 计算群集。

根据谷歌提供的数据显示，在 Google Cloud TPU Pod 上，仅用约 8 分钟就能够完成 ResNet-50 模型的训练，从表 10-2 中可以看出 TPU 与 TPU Pod 的性能差异。

表 10-2 训练 ResNet-50 模型的数据

TPU 名称	TPU	TPU Pod
训练速度（每秒图像数）	4000+	200 000+
最终精度（正确率）	93%	93%
训练时长	7 小时 47 分钟	8 分钟 45 秒

根据研究显示，TPU 比现代 GPU 和 CPU 快 15 到 30 倍。同时，TPU 还实现了比传统芯片更好的能耗效率，算力能耗比值提高了 30 倍至 80 倍，如表 10-3 所示。

表 10-3 不同芯片每个周期的操作次数对比

名称	每个周期的操作次数（次）
CPU	10
GPU	10 000
TPU	100 000

10.2 TPU 环境配置

使用 TPU 最方便的方法就是使用谷歌的 Colab，它不但可以通过浏览器直接访问，而且免费。

在 Google Colab 的 Notebook 界面中，打开主菜单 Runtime，然后选择 Change runtime type，会弹出 Notebook settings 窗口。选择里面的 Hardware accelerator 为 TPU 就可以了。

为了确认 Colab Notebook 中是否分配了 TPU 资源，我们可以运行以下测试代码。如果输出 ERROR 信息，则表示目前的 Runtime 并没有分配到 TPU；如果输出 TPU 地址及设备列表，则表示 Colab 已经分配了 TPU。

```
import os
import tensorflow as tf

if 'COLAB_TPU_ADDR' not in os.environ:
    print('ERROR: Not connected to a TPU runtime')
else:
    tpu_address = 'grpc://' + os.environ['COLAB_TPU_ADDR']
    print ('TPU address is', tpu_address)
```

输出信息如下：

```
TPU address is grpc://10.49.237.2:8470
```

如果看到以上信息（TPU grpc address），即可确认 Colab 的 TPU 环境配置正常。

在 Google Cloud 上，我们可以购买所需的 TPU 资源，按需进行机器学习训练。为了使用 Cloud TPU，需要在 Google Cloud Engine 中启动云主机（VM）并为 VM 请求 Cloud TPU 资源。请求完成后，VM 就可以直接访问分配给它专属的 Cloud TPU 了，如图 10-1 所示。

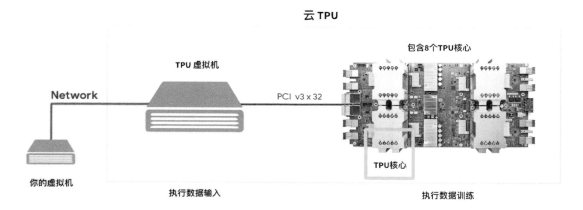

图 10-1　云主机和 TPU 的网络架构

在使用 Cloud TPU 时，为了免除烦琐的驱动安装步骤，我们可以直接使用 Google Cloud 提供的 VM 操作系统镜像。

10.3　TPU 基本用法

在 TPU 上进行 TensorFlow 分布式训练的核心 API 是 `tf.distribute.TPUStrategy`，简单的几行代码就可以实现在 TPU 上进行分布式训练，同时也可以很容易地迁移到 GPU 单机多卡、多机多卡环境中。以下是实例化 `TPUStrategy` 的代码：

```
tpu = tf.distribute.cluster_resolver.TPUClusterResolver()
tf.config.experimental_connect_to_cluster(tpu)
tf.tpu.experimental.initialize_tpu_system(tpu)
strategy = tf.distribute.experimental.TPUStrategy(tpu)
```

在上面的代码中，首先我们实例化 `TPUClusterResolver`，然后连接 TPU Cluster，并对其进行初始化；最后实例化 `TPUStrategy`。

以下使用 Fashion MNIST 分类任务展示 TPU 的使用方式[①]：

```
import tensorflow as tf
import numpy as np
import os

(x_train, y_train), (x_test, y_test) = tf.keras.datasets.fashion_mnist.load_data()

x_train = np.expand_dims(x_train, -1)
x_test = np.expand_dims(x_test, -1)
```

---

① 在 Google Colab 上可以直接打开本例子的 Jupyter 运行。

```python
def create_model():
    model = tf.keras.models.Sequential()

    model.add(tf.keras.layers.Conv2D(64, (3, 3), input_shape=x_train.shape[1:]))
    model.add(tf.keras.layers.MaxPooling2D(pool_size=(2, 2), strides=(2,2)))
    model.add(tf.keras.layers.Activation('relu'))

    model.add(tf.keras.layers.Flatten())
    model.add(tf.keras.layers.Dense(10))
    model.add(tf.keras.layers.Activation('softmax'))

    return model

tpu = tf.distribute.cluster_resolver.TPUClusterResolver()
tf.config.experimental_connect_to_cluster(tpu)
tf.tpu.experimental.initialize_tpu_system(tpu)
strategy = tf.distribute.experimental.TPUStrategy(tpu)

with strategy.scope():
    model = create_model()
    model.compile(
        optimizer=tf.keras.optimizers.Adam(learning_rate=1e-3),
        loss=tf.keras.losses.sparse_categorical_crossentropy,
        metrics=[tf.keras.metrics.sparse_categorical_accuracy])

model.fit(
    x_train.astype(np.float32), y_train.astype(np.float32),
    epochs=5,
    steps_per_epoch=60,
    validation_data=(x_test.astype(np.float32), y_test.astype(np.float32)),
    validation_freq=5
)
```

运行以上程序，输出结果为：

```
Epoch 1/5
60/60 [==========] - 1s 23ms/step - loss: 12.7235 - accuracy: 0.7156
Epoch 2/5
60/60 [==========] - 1s 11ms/step - loss: 0.7600 - accuracy: 0.8598
Epoch 3/5
60/60 [==========] - 1s 11ms/step - loss: 0.4443 - accuracy: 0.8830
Epoch 4/5
60/60 [==========] - 1s 11ms/step - loss: 0.3401 - accuracy: 0.8972
Epoch 5/5
60/60 [==========] - 4s 60ms/step - loss: 0.2867 - accuracy: 0.9072
10/10 [==========] - 2s 158ms/step
10/10 [==========] - 2s 158ms/step
val_loss: 0.3893 - val_sparse_categorical_accuracy: 0.8848
```

第 11 章

TensorFlow Hub 模型复用

在软件开发中，为了避免重复开发相同功能的代码，我们经常复用开源软件或者库，这样做可以减少重复劳动，缩短软件开发周期。代码复用对软件产业的蓬勃发展有极大的推动作用。

相应地，TensorFlow Hub（以下简称 TF Hub）的目的就是更好地复用已训练好且经过充分验证的模型，节省训练时间和计算资源。这些预训练好的模型既可以直接进行部署，也可以进行迁移学习（transfer learning）。对于个人开发者来说，TF Hub 是非常有意义的，开发者可以快速复用谷歌这样的大公司所使用的海量计算资源训练模型，而他们个人去获取这些资源是很不现实的。

11.1　TF Hub 网站

打开 TF Hub 网站的主页，在页面左侧可以选取关注的类别，比如 Text、Image、Video 和 Publishers 等选项，在页面顶部的搜索框中输入关键字可以搜索模型，如图 11-1 所示。

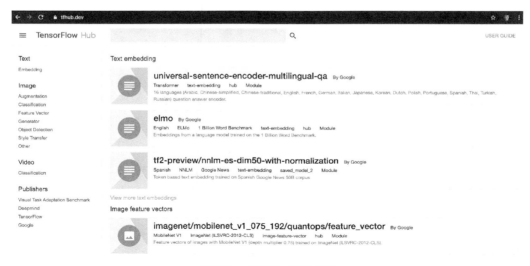

图 11-1　TF Hub 网站主页

以 `stylization` 为例，我们搜索到如图 11-2 所示的模型，版本号为 2，在网址的末尾也会体现。

图 11-2　搜索 `stylization` 模型

> **提示**
>
> （1）目前还有很多模型是基于 TensorFlow 1.x 的，在选择的过程中请注意甄别（有些模型会明确写出版本号），或者检查是否是 TF Hub 0.5.0 及以上版本的 API hub.load(url)，之前的版本使用的是 hub.Module(url)。
>
> （2）如果不能访问 tfhub.dev，请大家转换域名到国内镜像，注意模型下载地址也需要相应转换。

11.2　TF Hub 安装与复用

TF Hub 是单独的一个库，需要单独安装，安装命令如下：

```
pip install tensorflow-hub
```

> **提示**
>
> 在 TensorFlow 2 上，必须使用 TF Hub 0.5.0 或以上版本，因为接口有变动。

TF Hub 模型的复用非常简单，代码模式如下：

```
import tensorflow_hub as hub

hub_handle = 'https://tfhub.dev/google/magenta/arbitrary-image-stylization-v1-256/2'
hub_model = hub.load(hub_handle)
outputs = hub_model(inputs)
```

根据 stylization 模型的参考代码和 notebook，我们可以对模型进行精简和修改，实现转换图片风格的功能。相关代码如下：

```python
import matplotlib.pyplot as plt
import numpy as np
import tensorflow as tf
import tensorflow_hub as hub

def crop_center(image):
    """Returns a cropped square image."""
    shape = image.shape
    new_shape = min(shape[1], shape[2])
    offset_y = max(shape[1] - shape[2], 0) // 2
    offset_x = max(shape[2] - shape[1], 0) // 2
    image = tf.image.crop_to_bounding_box(image, offset_y, offset_x, new_shape, new_shape)
    return image

def load_image_local(image_path, image_size=(512, 512), preserve_aspect_ratio=True):
    """Loads and preprocesses images."""
    # 加载图片数据，转化为 float32 类型的 numpy 数组，并且将数值归一化到 0~1 范围
    img = plt.imread(image_path).astype(np.float32)[np.newaxis, ...]
    if img.max() > 1.0:
        img = img / 255.
    if len(img.shape) == 3:
        img = tf.stack([img, img, img], axis=-1)
    img = crop_center(img)
    img = tf.image.resize(img, image_size, preserve_aspect_ratio=True)
    return img

def show_image(image, title, save=False):
    plt.imshow(image, aspect='equal')
    plt.axis('off')
    if save:
        plt.savefig(title + '.png', bbox_inches='tight', dpi=fig.dpi, pad_inches=0.0)
    else:
        plt.show()

content_image_path = "images/contentimg.jpeg"
style_image_path = "images/styleimg.jpeg"

content_image = load_image_local(content_image_path)
style_image = load_image_local(style_image_path)

show_image(content_image[0], "Content Image")
show_image(style_image[0], "Style Image")

# 加载图片风格转化模型
hub_module = hub.load('https://tfhub.dev/google/magenta/arbitrary-image-stylization-
    v1-256/2');

# 对图片进行风格转化
outputs = hub_module(tf.constant(content_image), tf.constant(style_image))
stylized_image = outputs[0]

show_image(stylized_image[0], "Stylized Image", True)
```

其中, hub.load(url) 就是把 TF Hub 的模型从网络下载和加载进来, hub_module 就是运行模型, outputs 为输出。

　　输入图片是一张我拍的风景照片, 如图 11-3 所示。风格图片是王希孟的画卷《千里江山图》的部分截屏, 如图 11-4 所示。输出图片如图 11-5 所示。

图 11-3　输入图片

图 11-4　风格图片

图 11-5　输出图片

11.3 TF Hub 模型二次训练样例

可能预训练的模型不一定满足开发者的实际诉求，所以有时需要进行二次训练。针对这种情况，TF Hub 提供了很方便的 Keras 接口 hub.KerasLayer(url)，它可以封装在 Keras 的 Sequential 层状结构中，进而针对开发者的需求和数据进行再训练。

我们以 inception_v3 的模型为例，给出 hub.KerasLayer(url) 的使用方法：

```python
import tensorflow as tf
import tensorflow_hub as hub

num_classes = 10

# 使用 hub.KerasLayer 组件待训练模型
new_model = tf.keras.Sequential([
    hub.KerasLayer("https://tfhub.dev/google/tf2-preview/inception_v3/feature_vector/4",
        output_shape=[2048], trainable=False),
    tf.keras.layers.Dense(num_classes, activation='softmax')
])
new_model.build([None, 299, 299, 3])

# 输出模型结构
new_model.summary()
```

执行以上代码后，会输出下面的结果，其中 keras_layer (KerasLayer) 就是从 TF Hub 上获取的模型：

```
Model: "sequential"

Layer (type)                 Output Shape              Param #
=================================================================
keras_layer (KerasLayer)     multiple                  21802784

dense (Dense)                multiple                  20490
=================================================================
Total params: 21,823,274
Trainable params: 20,490
Non-trainable params: 21,802,784
```

剩下的训练和模型保存和正常的 Keras 的 Sequential 模型完全一样。

第 12 章

TensorFlow Datasets 数据集载入

TensorFlow Datasets 是一个开箱即用的数据集集合，包含数十种常用的机器学习数据集。通过简单的几行代码即可将数据以 `tf.data.Dataset` 的格式载入。关于 `tf.data.Dataset` 的使用可参考 4.3 节。

TensorFlow Datasets 是一个独立的 Python 包，可以通过如下代码安装：

```
pip install tensorflow-datasets
```

在使用时，首先使用 `import` 导入该包：

```
import tensorflow as tf
import tensorflow_datasets as tfds
```

然后，最基础的用法是使用 `tfds.load` 方法载入所需的数据集。例如，以下 3 行代码分别载入了 MNIST、猫狗分类和 `tf_flowers` 的图像分类数据集：

```
dataset = tfds.load("mnist", split=tfds.Split.TRAIN)
dataset = tfds.load("cats_vs_dogs", split=tfds.Split.TRAIN, as_supervised=True)
dataset = tfds.load("tf_flowers", split=tfds.Split.TRAIN, as_supervised=True)
```

当第一次载入特定数据集时，TensorFlow Datasets 会自动从云端下载数据集并显示下载进度。例如，载入 MNIST 数据集时，终端输出提示如下：

```
Downloading and preparing dataset mnist (11.06 MiB) to C:\Users\snowkylin\tensorflow_
datasets\mnist\3.0.0...
WARNING:absl:Dataset mnist is hosted on GCS. It will automatically be downloaded to your
local data directory. If you'd instead prefer to read directly from our public
GCS bucket (recommended if you're running on GCP), you can instead set
data_dir=gs://tfds-data/datasets.

Dl Completed...: 100%|
               | 4/4 [00:10<00:00,  2.93s/ file]
Dl Completed...: 100%|
               | 4/4 [00:10<00:00,  2.73s/ file]
Dataset mnist downloaded and prepared to C:\Users\snowkylin\tensorflow_datasets\mnist\3.0.0.
Subsequent calls will reuse this data.
```

提示

在使用 TensorFlow Datasets 时，可能需要设置代理。较为简易的方式是设置 TFDS_HTTPS_ PROXY 环境变量，即：

```
export TFDS_HTTPS_PROXY=http:// 代理服务器 IP: 端口
```

tfds.load 方法会返回一个 tf.data.Dataset 对象，部分重要的参数如下。

☐ as_supervised：若为 True，则根据数据集的特性，将数据集中的每行元素整理为有监督的二元组 (input, label)（数据 + 标签），否则数据集中的每行元素为包含所有特征的字典。

☐ split：指定返回数据集的特定部分。若不指定，则返回整个数据集。一般有 tfds. Split.TRAIN（训练集）和 tfds.Split.TEST（测试集）选项。

TensorFlow Datasets 当前支持的数据集可在官方文档查看，也可以使用 tfds.list_builders() 查看。

当得到了 tf.data.Dataset 类型的数据集后，我们就可以使用 tf.data 对数据集进行各种预处理以及读取数据了，例如：

```
# 使用 TessorFlow Datasets 载入 tf_flowers 数据集
dataset = tfds.load("tf_flowers", split=tfds.Split.TRAIN, as_supervised=True)
# 对 dataset 进行大小调整、打散和分批次操作
dataset = dataset.map(lambda img, label: (tf.image.resize(img, [224, 224]) / 255.0, label)) \
    .shuffle(1024) \
    .batch(32)
# 迭代数据
for images, labels in dataset:
    # 对 images 和 labels 进行操作
```

详细操作说明可见 4.3 节。同时，第 9 章也使用了 TensorFlow Datasets 载入数据集，大家可以参考这些章节的示例代码进一步了解 TensorFlow Datasets 的使用方法。

第 13 章

Swift for TensorFlow

谷歌推出的 Swift for TensorFlow（简称 S4TF）是专门针对 TensorFlow 优化过的 Swift 版本，目前处在 Pre-Alpha 阶段。

为了能够在程序语言级支持 TensorFlow 所需的所有功能特性，将 S4TF 作为 Swift 语言本身的一个分支，谷歌为 Swift 语言添加了机器学习所需要的所有功能扩展。S4TF 不仅仅是一个用 Swift 写成的 TensorFlow API 封装，谷歌还为 Swift 增加了编译器和语言增强功能，提供了一种新的编程模型，结合了图的性能、即时执行模式的灵活性和表达能力。

本章我们将向大家简要介绍 Swift for TensorFlow 的使用。你可以参考最新的 Swift for TensorFlow 文档。

> ▶ **为什么要使用 Swift 进行 TensorFlow 开发**
>
> 相对于 TensorFlow 的其他版本（如 Python、C++ 等），S4TF 拥有其独有的优势。
>
> ❑ 开发效率高：强类型语言，能够静态检查变量类型。
> ❑ 迁移成本低：与 Python、C、C++ 能够无缝结合。
> ❑ 执行性能高：能够直接编译为底层硬件代码。
> ❑ 专门为机器学习打造：语言原生支持自动微分系统。
>
> 与其他语言相比，S4TF 还有更多优势。谷歌正在大力投资，使 Swift 成为其 TensorFlow ML 基础设施的一个关键组件，而且 Swift 很有可能将成为深度学习的专属语言。有兴趣的读者可以参考 Swift 的官方文档了解更多内容。

13.1　S4TF 环境配置

S4TF 环境配置步骤如下。

(1) 本地安装 Swift for TensorFlow。目前 S4TF 支持 macOS 和 Linux 两个运行环境。安装需要下载预先编译好的软件包，同时按照对应的操作系统的说明进行操作。安装后，即可使用全套 Swift 工具，包括 Swift（Swift REPL / Interpreter）和 Swiftc（Swift 编译器）。

（2）在 Colaboratory 中快速体验 Swift for TensorFlow。谷歌的 Colaboratory 可以直接支持 Swift 语言的运行环境并打开一个空白的、具备 Swift 运行环境的 Colab Notebook，这是立即体验 Swift for TensorFlow 的最方便的办法。

（3）在 Docker 中快速体验 Swift for TensorFlow。在本机已有 Docker 环境的情况下，使用预装 Swift for TensorFlow 的 Docker Image 是非常方便的。按照下面的步骤操作即可体验。

① 获得一个 S4TS 的 Jupyter Notebook。在命令行中执行 `nvidia-docker run -ti --rm -p 8888:8888 --cap-add SYS_PTRACE -v "$(pwd)":/notebooks zixia/swift` 来启动 Jupyter，然后根据提示的 URL，打开浏览器访问即可。

② 执行一个本地的 Swift 代码文件。为了运行本地的 `s4tf.swift` 文件，我们可以用如下 Docker 命令：

```
nvidia-docker run -ti --rm --privileged --userns=host \
    -v "$(pwd)":/notebooks \
    zixia/swift \
    swift ./s4tf.swift
```

13.2　S4TF 基础使用

Swift 是动态强类型语言，也就是说 Swift 支持通过编译器自动检测变量的类型，同时要求变量的使用要严格符合定义，所有变量都必须先定义后使用。

来看下面的代码，因为最初声明的 n 是整数类型 42，所以如果将 "string" 赋值给 n：

```
var n = 42
n = "string"
```

会出现类型不匹配的问题，Swift 将会报错，输出如下内容：

```
Cannot assign value of type 'String' to type 'Int'
```

下面是一个使用 TensorFlow 计算的基础示例：

```
import TensorFlow

// 声明两个 Tensor
let x = Tensor<Float>([1])
let y = Tensor<Float>([2])

// 对两个 Tensor 做加法运算
let w = x + y

// 输出结果
print(w)
```

▶ **Tensor<Float> 中的 <Float>**

在这里的 Float 用来指定与 Tensor 类相关的内部数据类型，可以根据需要替换为其他合理的数据类型，比如 Double。

13.2.1　在 Swift 中使用标准的 TensorFlow API

在通过运行 import TensorFlow 加载 TensorFlow 模块之后，即可在 Swift 语言中使用核心的 TensorFlow API。

(1) 处理数字和矩阵的代码，API 与 TensorFlow 高度保持了一致：

```
let x = Tensor<BFloat16>(zeros: [32, 128])
let h1 = sigmoid(matmul(x, w1) + b1)
let h2 = tanh(matmul(h1, w1) + b1)
let h3 = softmax(matmul(h2, w1) + b1)
```

(2) 处理 Dataset 的代码，基本上，将 Python API 中的 tf.data.Dataset 同名函数直接改写为 Swift 语法即可直接使用：

```
let imageBatch = Dataset(elements: images)
let labelBatch = Dataset(elements: labels)
let zipped = zip(imageBatch, labelBatch).batched(8)

let imageBatch = Dataset(elements: images)
let labelBatch = Dataset(elements: labels)
for (image, label) in zip(imageBatch, labelBatch) {
    let y = matmul(image, w) + b
    let loss = (y - label).squared().mean()
    print(loss)
}
```

▶ **matmul() 的别名：•**

为了代码更加简洁，matmul(a, b) 可以简写为 a • b。在 Mac 上，符号 • 可以通过 "Option + 8" 键输入。

13.2.2　在 Swift 中直接加载 Python 语言库

Swift 语言支持直接加载 Python 函数库（比如 NumPy），也支持直接加载系统动态链接库，做到了导入即用。

借助 S4TF 强大的集成能力，把代码从 Python 迁移到 Swift 非常简单。你可以逐步迁移 Python 代码（或继续使用 Python 代码库），因为 S4TF 支持直接在代码中加载 Python 原生代码库，使得开发者可以继续使用熟悉的语法在 Swift 中调用 Python 中已经完成的功能。

下面我们以 NumPy 为例，看一下如何在 Swift 语言中直接加载 Python 的 NumPy 代码库，并且直接进行调用：

```
import Python

let np = Python.import("numpy")
let x = np.array([[1, 2], [3, 4]])
let y = np.array([11, 12])
print(x.dot(y))
```

输出代码如下：

```
[35 81]
```

除了能够直接调用 Python 之外，Swift 也能够直接调用系统函数库。比如下面的代码展示了我们可以在 Swift 中直接加载 Glibc 的动态库，然后调用系统底层的 malloc 和 memcpy 函数，对变量直接进行操作：

```
import Glibc
let x = malloc(18)
memcpy(x, "memcpy from Glibc", 18)
free(x)
```

得益于 Swift 强大的集成能力，针对 C 或 C++ 语言库的加载和调用处理起来也将非常简单高效。

13.2.3　语言原生支持自动微分

我们可以通过 @differentiable 参数，非常容易地定义一个可被微分的函数：

```
@differentiable
func frac(x: Double) -> Double {
    return 1/x
}

gradient(of: frac)(0.5)
```

输出代码如下：

```
-4.0
```

在上面的代码中，我们先将函数 frac() 标记为 @differentiable，然后就可以通过 gradient() 函数将其转换为求解微分的新函数 gradient(of: trac)，接下来就可以根据任意 x 值求函数 frac 在 x 点的梯度了。

> **▶ Swift 函数声明中的参数名称和类型**
>
> Swift 使用 func 声明一个函数。在函数的参数中,变量名的冒号后面代表的是参数类型。在函数参数和函数体（{}）之前,还可以通过箭头（->）来指定函数的返回值类型。
>
> 比如在上面的代码中,参数变量名为 x,参数类型为 Double,函数返回类型为 Double。

13.2.4　MNIST 数字分类

下面我们以最简单的 MNIST 数字分类为例,给大家介绍一下基础的 S4TF 编程代码实现。

首先,引入 S4TF 模块 TensorFlow、Python 桥接模块 Python、基础模块 Foundation 和 MNIST 数据集模块 MNIST:

```
import TensorFlow
import Python
import Foundation

import MNIST
```

> **▶ Swift MNIST Dataset 模块**
>
> Swift MNIST Dataset 模块是一个简单易用的 MNIST 数据集加载模块,基于 Swift 语言,提供了完整的数据集加载 API。

其次,声明一个最简单的 MLP 神经网络架构,将输入的 784 个图像数据,转换为 10 个神经元的输出,相关代码如下:

```
struct MLP: Layer {
    // 定义模型的输入、输出数据类型
    typealias Input = Tensor<Float>
    typealias Output = Tensor<Float>

    // 定义 flatten 层,将二维矩阵展开为一个一维数组
    var flatten = Flatten<Float>()
    // 定义全连接层,输入为 784 个神经元,输出为 10 个神经元
    var dense = Dense<Float>(inputSize: 784, outputSize: 10)

    @differentiable
    public func callAsFunction(_ input: Input) -> Output {
        var x = input
        x = flatten(x)
        x = dense(x)
        return x
    }
}
```

▶ 使用 Layer 协议定义神经网络模型

为了在 Swift 中定义一个神经网络模型，我们需要建立一个 Struct 来实现模型结构，并确保其符合 Layer 协议。

其中，最为核心的部分是声明 callAsFunction(_:) 方法，来定义输入和输出 Tensor 的映射关系。

▶ Swift 参数标签

在代码中，我们会看到形如 callAsFunction(_ input: Input) 这样的函数声明。其中 _ 代表忽略参数标签。

在 Swift 中，每个函数参数都有一个参数标签（argument label）以及一个参数名称（parameter name）。参数标签主要应用在调用函数的情况，使得函数的实参与真实命名相关联，方便理解实参的意义。同时，因为有参数标签的存在，所以实参的顺序是可以随意改变的。

如果你不希望为参数添加标签，可以使用一个下划线（_）来代替一个明确的参数标签。

接下来，我们实例化这个 MLP 神经网络模型，即实例化 MNIST 数据集，并将其存入变量 imageBatch 和变量 labelBatch：

```swift
var model = MLP()
let optimizer = Adam(for: model)

let mnist = MNIST()
let ((trainImages, trainLabels), (testImages, testLabels)) = mnist.loadData()

let imageBatch = Dataset(elements: trainImages).batched(32)
let labelBatch = Dataset(elements: trainLabels).batched(32)
```

然后，我们通过对数据集的循环，计算模型的梯度 grads 并通过 optimizer.update() 来更新模型的参数进行训练：

```swift
for (X, y) in zip(imageBatch, labelBatch) {
    // 计算梯度
    let grads = gradient(at: model) { model -> Tensor<Float> in
        let logits = model(X)
        return softmaxCrossEntropy(logits: logits, labels: y)
    }

    // 优化器根据梯度更新模型参数
    optimizer.update(&model.self, along: grads)
}
```

▶ **Swift 闭包函数（closure）**

Swift 的闭包函数声明为 `{ (parameters) -> return type in statements }`，其中 `parameters` 为闭包接受的参数，`return type` 为闭包运行完毕的返回值类型，`statements` 为闭包内的运行代码。

比如上述代码中的 `{ model -> Tensor<Float> in` 这一段，就声明了一个传入参数为 `model`，返回类型为 `Tensor<Float>` 的闭包函数。

▶ **Swift 尾随闭包语法（trailing closure syntax）**

如果函数需要一个闭包作为参数，且这个参数是最后一个参数，那么我们可以将闭包函数放在函数参数列表外（也就是括号外），这种格式称为尾随闭包。

▶ **Swift 输入输出参数（in-out parameter）**

在 Swift 语言中，函数默认是不可以修改参数的值的。为了让函数能够修改传入的参数变量，需要将传入的参数作为输入输出参数。具体表现为需要在参数前加 & 符号，表示这个值可以被函数修改。

▶ **优化器的参数**

优化器更新模型参数的方法是 update(variables, along: direction)。其中，`variables` 是需要更新的模型（内部包含的参数），因为需要被更新，所以我们通过添加 & 在参数变量前，通过引用的方式传入。`direction` 是模型参数所对应的梯度，需要通过参数标签 `along` 来指定输入。

最后，我们使用训练好的模型，在测试数据集上进行检查，得到模型的准度：

```
let logits = model(testImages)
let acc = mnist.getAccuracy(y: testLabels, logits: logits)

print("Test Accuracy: \(acc)" )
```

以上程序运行输出为：

```
Downloading train-images-idx3-ubyte ...
Downloading train-labels-idx1-ubyte ...
Reading data.
Constructing data tensors.
Test Accuracy: 0.9116667
```

加载 MNIST 数据集使用了作者封装的 Swift Module。更方便的是在 Google Colab 上直接打开本例的 Jupyter Notebook 运行。

## 第 14 章

TensorFlow Quantum：混合量子 – 经典机器学习

我们身边的经典计算机利用位和逻辑门进行二进制运算。在物理硬件上，这种运算主要是通过半导体的特殊导电性质实现的。经过几十年的发展，我们已经可以在一片小小的半导体芯片上集成上亿个晶体管，从而实现高性能的经典计算。

而量子计算（quantum computing）旨在利用具有量子特性（例如量子态叠加和量子纠缠）的"量子位"和"量子逻辑门"进行计算。这种新的计算模式可以在搜索和大数分解等重要领域达成指数级的加速，让当前无法实现的一些超大规模运算成为可能，从而可能在未来改变世界。在物理硬件上，这类量子运算也可以通过一些具有量子特性的结构（例如超导约瑟夫森结）实现。

不幸的是，尽管量子计算的理论已经有了比较深入的发展，可在物理硬件上，我们目前仍然造不出一台超越经典计算机的通用量子计算机[①]。IBM 和谷歌等业界巨头在通用量子计算机的物理构建上已经取得了一些成绩，但无论是量子位的个数还是在退相干问题的解决上，都还无法达到实用的层级。

以上是量子计算的基本背景，接下来我们讨论量子机器学习。量子机器学习的一种最直接的思路是使用量子计算加速传统的机器学习任务，例如量子版本的 PCA、SVM 和 K-Means 算法，然而这些算法目前都尚未达到可实用的程度。我们本章讨论的量子机器学习采用另一种思路：构建参数化的量子线路（parameterized quantum circuit，PQC）。PQC 可以作为深度学习模型中的层而被使用，如果我们在普通深度学习模型的基础上加入 PQC，即称为混合量子 – 经典机器学习（hybrid quantum-classical machine learning）。这种混合模型尤其适合于量子数据集（quantum data）上的任务，而 TensorFlow Quantum 正是帮助我们构建这种混合量子 – 经典机器学习模型的利器。接下来，我们会先简单介绍量子计算的若干基本概念，然后讲解使用 TensorFlow Quantum 和谷歌的量子计算库 Cirq 构建 PQC，将 PQC 嵌入 Keras 模型并在量子数据集上训练混合模型的流程。

---

① 本书行文时间为 2020 年，如果你来自未来，请理解作者的时代局限性。

14.1 量子计算基本概念

本节将简述量子计算的一些基本概念，包括量子位、量子门、量子线路等。

> ▶ **推荐阅读**
>
> 如果你希望更深入地了解量子力学以及量子计算的基本原理，建议可以从以下两本书入手。
>
> ❏《简明量子力学》[1]（简洁明快的量子力学入门教程）
> ❏ Quantum Computing: An Applied Approach[2]（注重代码实操的量子计算教程）

14.1.1 量子位

在二进制的经典计算机中，我们用位（bit，也称"比特"）作为信息存储的基本单位，一个二进制位只有 0 或者 1 两种状态。而在量子计算机中，我们使用量子位（quantum bit，简称 qubit，也称"量子比特"）进行信息的表示。量子位也有两种基本状态 $|0\rangle$ 和 $|1\rangle$，不过它除了可以处于这两种基本状态以外，还可以处于两者之间的叠加态（superposition state），即 $|\psi\rangle = a|0\rangle + b|1\rangle$，其中 a 和 b 是复数，$|a|^2 + |b|^2 = 1$）。例如，$|\psi_0\rangle = \frac{1}{\sqrt{2}}|0\rangle + \frac{1}{\sqrt{2}}|1\rangle$ 和 $|\psi_1\rangle = \frac{1}{\sqrt{2}}|0\rangle + \frac{1}{\sqrt{2}}|1\rangle$ 都是合法的量子态。我们也可以使用向量化的语言来表示量子位的状态。

如果我们令 $|0\rangle = \begin{bmatrix} 0 \\ 1 \end{bmatrix}$，$|1\rangle = \begin{bmatrix} 0 \\ 1 \end{bmatrix}$，则 $|\psi\rangle = \begin{bmatrix} a \\ b \end{bmatrix}$，$|\psi_0\rangle = \begin{bmatrix} \frac{1}{\sqrt{2}} \\ \frac{1}{\sqrt{2}} \end{bmatrix}$，$|\psi_1\rangle = \begin{bmatrix} \frac{1}{\sqrt{2}} \\ -\frac{1}{\sqrt{2}} \end{bmatrix}$。

同时，我们可以用布洛赫球面（bloch sphere）来形象地展示单个量子位的状态。球面的最顶端为 $|0\rangle$，最底端为 $|1\rangle$，从原点到球面上任何一点的单位向量都可以是一个量子位的状态。如图 14-1 所示，Z 轴正负方向的量子态分别为基本态 $|0\rangle$ 和 $|1\rangle$，X 轴正负方向的量子态分别为 $\frac{1}{\sqrt{2}}|0\rangle + \frac{1}{\sqrt{2}}|1\rangle$ 和 $\frac{1}{\sqrt{2}}|0\rangle - \frac{1}{\sqrt{2}}|1\rangle$，$Y$ 轴正负方向的量子态分别为 $\frac{1}{\sqrt{2}}|0\rangle + \frac{i}{\sqrt{2}}|1\rangle$ 和 $\frac{1}{\sqrt{2}}|0\rangle - \frac{i}{\sqrt{2}}|1\rangle$。

---

[1] 吴飚著，北京大学出版社 2020 年出版。
[2] Jack D. Hidary 著，GitHub 上有配套源码。

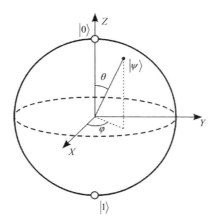

图 14-1　布洛赫球面（作者：Smite-Meister）

特别值得注意的是，尽管量子位 $|\psi\rangle = a|0\rangle + b|1\rangle$ 可能的状态相当之多，但是一旦我们对其进行观测，则其状态会立即坍缩[①]到 $|0\rangle$ 和 $|1\rangle$ 这两个基本状态中的一个，概率分别为 $|a|^2$ 和 $|b|^2$。

14.1.2　量子逻辑门

在二进制的经典计算机中，我们有 AND（与）、OR（或）、NOT（非）等逻辑门，对输入的二进制位状态进行变换并输出。在量子计算机中，我们同样有量子逻辑门（quantum logic gate，简称"量子门"），对量子状态进行变换并输出。如果我们使用向量化的语言来表述量子状态，则量子逻辑门可以看作一个对状态向量进行变换的矩阵。

例如，量子非门可以表述为 $X = \begin{bmatrix} 0 & 1 \\ 1 & 0 \end{bmatrix}$，于是当我们将量子非门作用于基本态 $|0\rangle = \begin{bmatrix} 0 \\ 1 \end{bmatrix}$ 时，我们得到 $X|0\rangle = \begin{bmatrix} 0 & 1 \\ 1 & 0 \end{bmatrix}\begin{bmatrix} 1 \\ 0 \end{bmatrix} = \begin{bmatrix} 0 \\ 1 \end{bmatrix} = |1\rangle$。量子门也可以作用在叠加态，例如

$X|\psi_0\rangle = \begin{bmatrix} 0 & 1 \\ 1 & 0 \end{bmatrix}\begin{bmatrix} \frac{1}{\sqrt{2}} \\ \frac{1}{\sqrt{2}} \end{bmatrix} = \begin{bmatrix} \frac{1}{\sqrt{2}} \\ \frac{1}{\sqrt{2}} \end{bmatrix} = |\psi_0\rangle$（这说明量子非门没能改变量子态 $|\psi_0\rangle = \frac{1}{\sqrt{2}}|0\rangle + \frac{1}{\sqrt{2}}|1\rangle$ 的状

态。事实上，量子非门 X 相当于在布洛赫球面上将量子态绕 X 轴旋转 180 度。而 $|\psi_0\rangle$ 就在 X 轴上，所以没有变化）。量子与门和或门[②]由于涉及多个量子位而稍显复杂，但同样可以通过尺寸更大的矩阵实现。

---

① "坍缩"一词多用于量子观测的哥本哈根诠释，除此以外还有多世界理论等。此处使用"坍缩"一词仅是方便表述。

② 其实更常见的基础二元量子门是"控制非门"（CNOT）和"交换门"（SWAP）。

可能有些读者已经想到了，既然单个量子位的状态不止 $|0\rangle$ 和 $|1\rangle$ 两种，那么量子逻辑门作为对量子位的变换，完全可以不局限于与或非。事实上，满足一定条件的矩阵①都可以作为量子逻辑门。例如，将量子态在布洛赫球面上绕 X、Y、Z 轴旋转的变换 $Rx(\theta)$、$Ry(\theta)$、$Rz(\theta)$（其中 θ 是旋转角度，当 $\theta = 180^\circ$ 时为 X、Y、Z）都是量子逻辑门。另外，有一个量子逻辑门"阿达马门"（hadamard gate），$H = \dfrac{1}{\sqrt{2}}\begin{bmatrix} 1 & 1 \\ 1 & -1 \end{bmatrix}$ 可以将量子状态从基本态转换为叠加态，在很多量子计算的场景中占据了重要地位。

14.1.3 量子线路

当我们将量子位以及量子逻辑门按顺序标记在一条或多条平行的线条上时，就构成了量子线路（quantum circuit，或称量子电路）。例如，对于我们在上一节讨论的，使用量子非门 X 对基本态 $|0\rangle$ 进行变换的过程，我们可以写出如图 14-2 所示的量子线路。

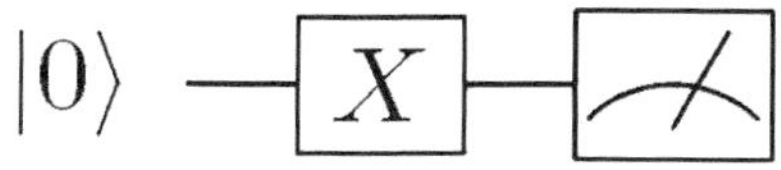

图 14-2 一个简单的量子线路

在量子线路中，每条横线代表一个量子位。图 14-2 中最左边的 $|0\rangle$ 代表量子位的初始态。中间的 X 方块代表量子非门 X，最右边的表盘符号代表测量操作。这个线路的意义是"对初始状态为 $|0\rangle$ 的量子位执行量子非门 X 操作，并测量变换后的量子位状态"。根据我们在前节的讨论，变换后的量子位状态为基本态 $|1\rangle$，因此我们可以期待该量子线路最后的测量结果始终为 1。

接下来，我们考虑将图 14-2 中量子线路的量子非门 X 换为阿达马门 H，如图 14-3 所示。

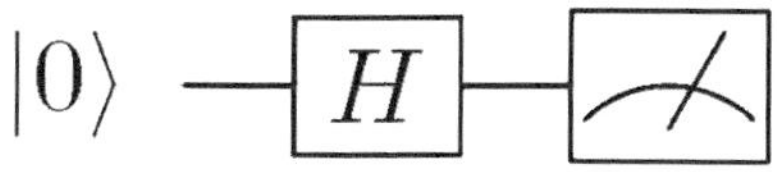

图 14-3 将量子非门 X 换为阿达马门 H 后的量子线路

阿达马门对应的矩阵表示为 $H = \dfrac{1}{\sqrt{2}}\begin{bmatrix} 1 & 1 \\ 1 & -1 \end{bmatrix}$，于是我们可以计算出变换后的量子态为

$$H|0\rangle = \frac{1}{\sqrt{2}}\begin{bmatrix} 1 & 1 \\ 1 & -1 \end{bmatrix}\begin{bmatrix} 1 \\ 0 \end{bmatrix} = \begin{bmatrix} \dfrac{1}{\sqrt{2}} \\ \dfrac{1}{\sqrt{2}} \end{bmatrix} = \frac{1}{\sqrt{2}}|0\rangle + \frac{1}{\sqrt{2}}|1\rangle$$ 。这是一个 $|0\rangle$ 和 $|1\rangle$ 的叠加态，在观测后会坍缩

到基本态，其概率分别为 $\left|\dfrac{1}{\sqrt{2}}\right|^2 = \dfrac{1}{2}$。也就是说，这个量子线路的观测结果类似于扔硬币。假若

---

① 这种矩阵称为"幺正矩阵"或"酉矩阵"。

观测 20 次，大约 10 次的结果是 $|0\rangle$，10 次的结果是 $|1\rangle$。

14.1.4 实例：使用 Cirq 建立简单的量子线路

Cirq 是谷歌主导的开源量子计算库，可以帮助我们方便地建立量子线路并模拟测量结果，我们在 14.2 节介绍 TensorFlow Quantum 的时候还会用到它。Cirq 是一个 Python 库，可以使用 `pip install cirq` 进行安装。以下代码实现了 14.1.3 节所建立的两个简单的量子线路，并分别进行了 20 次的模拟测量：

```python
import cirq

q = cirq.LineQubit(0)                  # 实例化一个量子位
simulator = cirq.Simulator()           # 实例化一个模拟器

X_circuit = cirq.Circuit(              # 建立一个包含量子非门和测量的量子线路
    cirq.X(q),
    cirq.measure(q)
)
print(X_circuit)                       # 在终端可视化输出量子线路

# 使用模拟器对该量子线路进行 20 次的模拟测量
result = simulator.run(X_circuit, repetitions=20)
print(result)                          # 输出模拟测量结果

H_circuit = cirq.Circuit(              # 建立一个包含阿达马门和测量的量子线路
    cirq.H(q),
    cirq.measure(q)
)
print(H_circuit)
result = simulator.run(H_circuit, repetitions=20)
print(result)
```

结果如下：

```
0: ———X———M———
0=11111111111111111111
0: ———H———M———
0=00100111001111101100
```

可见第一个量子线路的测量结果始终为 1，第二个量子态的 20 次测量结果中有 9 次是 0，11 次是 1（如果你多运行几次，会发现 0 和 1 出现的概率均趋于 $\frac{1}{2}$）。可见结果符合我们之前的分析。

14.2 混合量子－经典机器学习

本节介绍混合量子－经典机器学习的基本概念，以及使用 TensorFlow Quantum 建立此类模型的方法。

在混合量子 – 经典机器学习过程中，我们使用量子数据集训练混合量子 – 经典模型。混合量子 – 经典模型的前半部分是量子模型（即参数化的量子线路）。量子模型接受量子数据集作为输入，对输入使用量子门进行变换，然后通过测量转换为经典数据。测量后的经典数据输入经典模型，并使用常规的损失函数计算模型的损失值。最后，基于损失函数的值计算模型参数的梯度并更新模型参数。这一过程不仅包括经典模型的参数，也包括量子模型的参数。具体流程如图 14-4 所示。

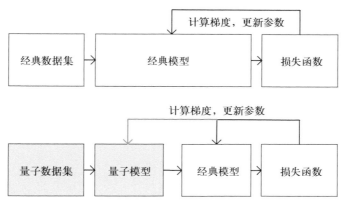

图 14-4　经典机器学习（上图）与混合量子 – 经典机器学习（下图）的流程对比

TensorFlow Quantum 是一个与 TensorFlow Keras 结合紧密的，可快速建立混合量子 – 经典机器学习模型的开源库，可以使用 `pip install tensorflow-quantum` 进行安装。

后文示例均默认使用以下代码导入 TensorFlow、TensorFlow Quantum 和 Cirq：

```
import tensorflow as tf
import tensorflow_quantum as tfq
import cirq
```

14.2.1　量子数据集与带参数的量子门

以有监督学习为例，经典数据集由经典数据和标签组成。经典数据中的每一项是一个由不同特征组成的向量。我们可以将经典数据集写作 $(x_1, y_1), (x_2, y_2), \cdots, (x_N, y_N)$，其中 $x_i = (x_{i,1}, \cdots, x_{i,K})$。量子数据集同样由数据和标签组成，数据中的每一项是一个量子态。以单量子位的量子态为例，我们可以将每一项数据写作 $x_i = a_i |0\rangle + b_i |1\rangle$。在具体实现上，我们可以通过量子线路来生成量子数据。也就是说，每一项数据 x_i 都对应着一个量子线路。例如，我们可以通过以下代码，使用 Cirq 生成一组量子数据：

```
q = cirq.GridQubit(0, 0)
q_data = []
for i in range(100):
    x_i = cirq.Circuit(
```

```
        cirq.rx(np.random.rand() * np.pi)(q)
    )
    q_data.append(x_i)
```

在这一过程中，我们使用了一个带参数的量子门 cirq.rx(angle)(q)。和我们之前使用的量子门 cirq.X(q)，cirq.H(q) 不同的是，这个量子门多了一个参数 angle ，表示将量子位 q 绕布洛赫球面的 X 轴旋转 angle 角度（弧度制）。以上代码生成了 100 项量子数据，每项数据都是从基本态 $|0\rangle$ 开始绕布洛赫球面的 X 轴随机旋转 $[0, \pi]$ 弧度所变换而来的量子态。量子数据集在不少量子相关的领域（如化学、材料科学、生物学和药物发现等）都有应用。

当我们要将量子数据集作为 Keras 的输入时，可以使用 TensorFlow Quantum 的 convert_to_tensor 方法，将量子数据集转换为张量：

```
q_data = tfq.convert_to_tensor(q_data)
```

值得注意的是，当使用量子数据集作为 Keras 模型的训练数据时，Keras 模型的输入类型（dtype）需要为 tf.dtypes.string。

14.2.2　参数化的量子线路

当我们在建立量子线路时使用了带参数的量子门，且该参数可以自由调整时，我们就称这样的量子线路为参数化的量子线路（PQC）。Cirq 支持结合 SymPy 这一 Python 下的符号运算库实现参数化的量子线路，示例如下：

```
import sympy
theta = sympy.Symbol('theta')
q_model = cirq.Circuit(cirq.rx(theta)(q))
```

在上面的代码中，我们建立了如图 14-5 所示的量子线路。该量子线路可以将任意输入量子态 $|\psi\rangle$ 绕布洛赫球面的 X 轴逆时针旋转 θ 度，其中 θ 是使用 sympy.Symbol 声明的符号变量（即参数）。

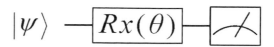

图 14-5　参数化的量子线路示例

14.2.3　将参数化的量子线路嵌入机器学习模型

通过 TensorFlow Quantum，我们可以轻松地将参数化的量子线路以 Keras 层的方式嵌入 Keras 模型。例如对于前节建立的参数化的量子线路 q_model ，我们可以使用 tfq.layers.PQC 将其直接作为一个 Keras 层使用：

```
q_layer = tfq.layers.PQC(q_model, cirq.Z(q))
expectation_output = q_layer(q_data_input)
```

tfq.layers.PQC 的第一个参数为使用 Cirq 建立的参数化的量子线路，第二个参数为测量方式，此处使用 cirq.Z(q) 在布洛赫球面的 Z 轴进行测量。

以上代码也可直接写作：

```
expectation_output = tfq.layers.PQC(q_model, cirq.Z(q))(q_data_input)
```

14.2.4　实例：对量子数据集进行二分类

在以下代码中，我们首先建立了一个量子数据集，其中一半的数据项为基本态 $|0\rangle$ 绕布洛赫球面的 X 轴逆时针旋转 $\frac{\pi}{2}$ 弧度（即 $\frac{1}{\sqrt{2}}|0\rangle - \frac{i}{\sqrt{2}}|1\rangle$），另一半则为 $\frac{3\pi}{2}$ 弧度（即 $\frac{1}{\sqrt{2}}|0\rangle + \frac{i}{\sqrt{2}}|1\rangle$）。所有的数据均加入了绕 X 轴、Y 轴方向旋转的、标准差为 $\frac{\pi}{4}$ 的高斯噪声。对于这个量子数据集，如果不加变换直接测量，则所有数据都会和抛硬币一样等概率随机坍缩到基本态 $|0\rangle$ 和 $|1\rangle$，从而无法区分。

为了区分这两类数据，我们接下来建立了一个量子模型，这个模型将单位量子态绕布洛赫球面的 X 轴逆时针旋转 θ 弧度。变换过后量子态数据的测量值送入"全连接层 + softmax"的经典机器学习模型，并使用交叉熵作为损失函数。模型训练过程会自动调整量子模型中 θ 的值和全连接层的权值，使得整个混合量子－经典机器学习模型的准确度较高。建立的量子模型的代码如下：

```
import cirq
import sympy
import numpy as np
import tensorflow as tf
import tensorflow_quantum as tfq

q = cirq.GridQubit(0, 0)

# 准备量子数据集 (q_data, label)
add_noise = lambda x: x + np.random.normal(0, 0.25 * np.pi)
q_data = tfq.convert_to_tensor(
    [cirq.Circuit(
        cirq.rx(add_noise(0.5 * np.pi))(q),
        cirq.ry(add_noise(0))(q)
        ) for _ in range(100)] +
    [cirq.Circuit(
        cirq.rx(add_noise(1.5 * np.pi))(q),
        cirq.ry(add_noise(0))(q)
        ) for _ in range(100)]
)
label = np.array([0] * 100 + [1] * 100)
```

```
# 建立参数化的量子线路（PQC）
theta = sympy.Symbol('theta')
q_model = cirq.Circuit(cirq.rx(theta)(q))

# 建立量子层和经典全连接层
q_layer = tfq.layers.PQC(q_model, cirq.Z(q))
dense_layer = tf.keras.layers.Dense(2, activation=tf.keras.activations.softmax)

# 使用 Keras 建立训练流程。量子数据首先通过 PQC，然后通过经典的全连接模型
q_data_input = tf.keras.Input(shape=() ,dtype=tf.dtypes.string)
expectation_output = q_layer(q_data_input)
classifier_output = dense_layer(expectation_output)
model = tf.keras.Model(inputs=q_data_input, outputs=classifier_output)

# 编译模型，指定优化器、损失函数和评估指标，并进行训练
model.compile(
    optimizer=tf.keras.optimizers.SGD(learning_rate=0.01),
    loss=tf.keras.losses.sparse_categorical_crossentropy,
    metrics=[tf.keras.metrics.sparse_categorical_accuracy]
)
model.fit(x=q_data, y=label, epochs=200)

# 输出量子层参数（即 theta）的训练结果
print(q_layer.get_weights())
```

输出代码如下：

```
...
200/200 [==============================] - 0s 165us/sample - loss: 0.1586 - sparse_
    categorical_accuracy: 0.9500
[array([-1.5279944], dtype=float32)]
```

可见，通过训练，模型在训练集上可以达到 95% 的准确率，$\theta = -1.5279944 \approx -\dfrac{\pi}{2} = -1.5707963...$。而当 $\theta = -\dfrac{\pi}{2}$ 时，恰好可以使得两种类型的数据分别接近基本态 $|0\rangle$ 和 $|1\rangle$，从而达到最易区分的状态。

## 第 15 章

图执行模式下的 TensorFlow 2

尽管 TensorFlow 2 建议以即时执行模式作为主要执行模式，但图执行模式作为 TensorFlow 2 之前的主要执行模式，依旧对于理解 TensorFlow 具有重要意义。尤其是当我们需要使用 `tf.function` 时，对图执行模式的理解更是不可或缺。

图执行模式在 TensorFlow 1.x 和 TensorFlow 2 中的 API 不同：

❏ 在 TensorFlow 1.x 中，图执行模式主要通过"直接构建计算图 + tf.Session"进行操作；
❏ 在 TensorFlow 2 中，图执行模式主要通过 `tf.function` 进行操作。

本章将在 4.5 节的基础上，进一步对图执行模式的这两种 API 进行对比说明，帮助已熟悉 TensorFlow 1.x 的用户顺利过渡到 TensorFlow 2。

> **提示**
>
> TensorFlow 2 依然支持 TensorFlow 1.x 的 API。为了在 TensorFlow 2 中使用 TensorFlow 1.x 的 API，我们可以使用 `import tensorflow.compat.v1 as tf` 导入 TensorFlow，并通过 `tf.disable_eager_execution()` 禁用默认的即时执行模式。

15.1 TensorFlow 1+1

TensorFlow 的图执行模式是一个符号式的（基于计算图的）计算框架。简而言之，如果你需要进行一系列计算，那么需要依次进行如下两步：

(1) 建立一个"计算图"，这个图描述了输入数据如何通过一系列计算得到输出；
(2) 建立一个会话，并在会话中与计算图进行交互，即向计算图传入计算所需的数据，并从计算图中获取结果。

15.1.1 使用计算图进行基本运算

这里以计算 1+1 作为入门示例。以下代码通过 TensorFlow 1.x 的图执行模式 API 计算 1+1：

```
import tensorflow.compat.v1 as tf
tf.disable_eager_execution()

# 以下 3 行定义了一个简单的"计算图"
a = tf.constant(1)    # 定义一个常量张量
b = tf.constant(1)
c = a + b             # 等价于 c = tf.add(a, b)，c 是张量 a 和张量 b 通过 tf.add 操作所形成的新张量
# 到此为止，计算图定义完毕，然而程序还没有进行任何实质计算
# 如果此时直接输出张量 c 的值，是无法获得 c = 2 的结果的

sess = tf.Session()      # 实例化一个会话
c_ = sess.run(c)         # 通过会话的 run() 方法对计算图里的节点（张量）进行实际计算
print(c_)
```

输出结果如下：

2

而在 TensorFlow 2 中，我们将计算图的建立步骤封装在一个函数中，并使用 @tf.function 修饰符对函数进行修饰。当需要运行此计算图时，只需调用修饰后的函数即可。由此，我们可以将以上代码改写如下：

```
import tensorflow as tf

# 以下被 @tf.function 修饰的函数定义了一个计算图
@tf.function
def graph():
    a = tf.constant(1)
    b = tf.constant(1)
    c = a + b
    return c
# 到此为止，计算图定义完毕。由于 graph() 是一个函数，在它被调用之前，程序是不会进行任何实质计算的
# 只有调用函数，才能通过函数返回值，获得 c = 2 的结果

c_ = graph()
print(c_.numpy())
```

小结

❑ 在 TensorFlow 1.x 的 API 中，我们直接在主程序中建立计算图。而在 TensorFlow 2 中，计算图的建立需要被封装在一个被 @tf.function 修饰的函数中。

❑ 在 TensorFlow 1.x 的 API 中，我们通过实例化一个 tf.Session，并使用其 run 方法执行计算图的实际运算。而在 TensorFlow 2 中，我们通过直接调用被 @tf.function 修饰的函数来执行实际运算。

15.1.2 计算图中的占位符与数据输入

上面这个程序只能计算 1+1，以下代码通过 TensorFlow 1.x 的图执行模式 API 中的 `tf.placeholder()`（占位符张量）和 `sess.run()` 的 feed_dict 参数，展示了如何使用 TensorFlow 计算任意两个数的和：

```
import tensorflow.compat.v1 as tf
tf.disable_eager_execution()

a = tf.placeholder(dtype=tf.int32)  # 定义一个占位符 Tensor
b = tf.placeholder(dtype=tf.int32)
c = a + b

a_ = int(input("a = "))  # 从终端读入一个整数并放入变量 a_
b_ = int(input("b = "))

sess = tf.Session()
c_ = sess.run(c, feed_dict={a: a_, b: b_})  # feed_dict 参数传入为了计算 c 所需要的张量的值
print("a + b = %d" % c_)
```

运行程序：

```
>>> a = 2
>>> b = 3
a + b = 5
```

而在 TensorFlow 2 中，我们可以通过为函数指定参数来实现与占位符张量相同的功能。想要在计算图运行时送入占位符数据，只需在调用被修饰后的函数时，将数据作为参数传入即可。由此，我们可以将以上代码改写如下：

```
import tensorflow as tf

@tf.function
def graph(a, b):
    c = a + b
    return c

a_ = int(input("a = "))
b_ = int(input("b = "))
c_ = graph(a_, b_)
print("a + b = %d" % c_)
```

小结

在 TensorFlow 1.x 的 API 中，我们使用 `tf.placeholder()` 在计算图中声明占位符张量，并通过 `sess.run()` 的 feed_dict 参数向计算图中的占位符传入实际数据。而在 TensorFlow 2 中，我们使用 `tf.function` 的函数参数作为占位符张量，通过向被 `@tf.function` 修饰的函数传递参数，来为计算图中的占位符张量提供实际数据。

15.1.3　计算图中的变量

1. 变量的声明

变量（variable）是一种特殊类型的张量，在 TensorFlow 1.x 的图执行模式 API 中使用 `tf.get_variable()` 建立。与编程语言中的变量很相似，使用变量前需要先初始化，变量内存储的值可以在计算图的计算过程中被修改。以下示例代码展示了如何使用 TensorFlow 1.x 的图执行模式 API 建立一个变量，将其值初始化为 0，并逐次累加 1：

```
import tensorflow.compat.v1 as tf
tf.disable_eager_execution()

a = tf.get_variable(name='a', shape=[])
initializer = tf.assign(a, 0.0)   # tf.assign(x, y) 返回一个"将张量 y 的值赋给变量 x"的操作
plus_one_op = tf.assign(a, a + 1.0)

sess = tf.Session()
sess.run(initializer)
for i in range(5):
    sess.run(plus_one_op)         # 对变量 a 执行加一操作
    print(sess.run(a))            # 输出此时变量 a 在当前会话的计算图中的值
```

输出代码如下：

```
1.0
2.0
3.0
4.0
5.0
```

> **提示**
>
> 为了初始化变量，也可以在声明变量时指定初始化器（initializer），并通过 `tf.global_variables_initializer()` 一次性初始化所有变量，在实际工程中更常用：
>
> ```
> import tensorflow.compat.v1 as tf
> tf.disable_eager_execution()
>
> a = tf.get_variable(name='a', shape=[],
>     initializer=tf.zeros_initializer)   # 指定初始化器为全 0 初始化
> plus_one_op = tf.assign(a, a + 1.0)
>
> sess = tf.Session()
> sess.run(tf.global_variables_initializer()) # 初始化所有变量
> for i in range(5):
>     sess.run(plus_one_op)
>     print(sess.run(a))
> ```

在 TensorFlow 2 中，我们通过实例化 `tf.Variable` 类来声明变量。由此，我们可以将以上

代码改写如下：

```
import tensorflow as tf

a = tf.Variable(0.0)

@tf.function
def plus_one_op():
    a.assign(a + 1.0)
    return a

for i in range(5):
    plus_one_op()
    print(a.numpy())
```

小结

　　在 TensorFlow 1.x 的 API 中，我们使用 **tf.get_variable()** 在计算图中声明变量节点。而在 TensorFlow 2 中，我们直接通过 **tf.Variable** 实例化变量对象，并在计算图中使用这一变量对象。

2. 变量的作用域与重用

　　在 TensorFlow 1.x 中，我们建立模型时经常需要指定变量的作用域，以及复用变量。此时，TensorFlow 1.x 的图执行模式 API 为我们提供了参数 **tf.variable_scope()** 及 reuse 参数来实现变量作用域和复用变量的功能。以下例子使用 TensorFlow 1.x 的图执行模式 API 建立了一个三层的全连接神经网络，其中第三层复用了第二层的变量：

```
import tensorflow.compat.v1 as tf
import numpy as np
tf.disable_eager_execution()

def dense(inputs, num_units):
    weight = tf.get_variable(name='weight', shape=[inputs.shape[1], num_units])
    bias = tf.get_variable(name='bias', shape=[num_units])
    return tf.nn.relu(tf.matmul(inputs, weight) + bias)

def model(inputs):
    with tf.variable_scope('dense1'):        # 限定变量的作用域为 dense1
        x = dense(inputs, 10)                # 声明了 dense1/weight 和 dense1/bias 两个变量
    with tf.variable_scope('dense2'):        # 限定变量的作用域为 dense2
        x = dense(x, 10)                     # 声明了 dense2/weight 和 dense2/bias 两个变量
    with tf.variable_scope('dense2', reuse=True):   # 第三层复用第二层的变量
        x = dense(x, 10)
    return x

inputs = tf.placeholder(shape=[10, 32], dtype=tf.float32)
outputs = model(inputs)
print(tf.global_variables())        # 输出当前计算图中的所有变量节点
```

```
sess = tf.Session()
sess.run(tf.global_variables_initializer())
outputs_ = sess.run(outputs, feed_dict={inputs: np.random.rand(10, 32)})
print(outputs_)
```

在上例中，计算图的所有变量节点为：

```
[<tf.Variable 'dense1/weight:0' shape=(32, 10) dtype=float32>,
 <tf.Variable 'dense1/bias:0' shape=(10,) dtype=float32>,
 <tf.Variable 'dense2/weight:0' shape=(10, 10) dtype=float32>,
 <tf.Variable 'dense2/bias:0' shape=(10,) dtype=float32>]
```

可见，如果有变量在 tf.variable_scope() 的上下文中通过 tf.get_variable 建立，则 tf.variable_scope() 会为这些变量的名称添加"前缀"或"作用域"，使得变量在计算图中的层次结构更为清晰。例如，在 dense1 作用域下建立的 weight 变量名为 dense1/weight，在 dense2 作用域下建立的 weight 变量名为 dense2/weight。这种作用域机制使得不同"作用域"下的同名变量各司其职，不会冲突。同时，虽然我们在上例中调用了 3 次 dense 函数，即调用了 6 次 tf.get_variable 函数，但实际建立的变量节点只有 4 个，这就是 tf.variable_scope() 的 reuse 参数所起到的作用。当 reuse=True，tf.get_variable 遇到重名变量时将会自动获取先前建立的同名变量，而不会新建变量，从而达到变量重用的目的。

而在 TensorFlow 2 的图执行模式 API 中，不再鼓励使用 tf.variable_scope()，而应当使用 tf.keras.layers.Layer 和 tf.keras.Model 来封装代码和指定作用域，具体可参考第 3 章。上面的例子与下面基于 tf.keras 和 tf.function 的代码等价：

```
import tensorflow as tf
import numpy as np

class Dense(tf.keras.layers.Layer):
    def __init__(self, num_units, **kwargs):
        super().__init__(**kwargs)
        self.num_units = num_units

    def build(self, input_shape):
        self.weight = self.add_variable(name='weight', shape=[input_shape[-1], self.
            num_units])
        self.bias = self.add_variable(name='bias', shape=[self.num_units])

    def call(self, inputs):
        y_pred = tf.matmul(inputs, self.weight) + self.bias
        return y_pred

class Model(tf.keras.Model):
    def __init__(self):
        super().__init__()
        self.dense1 = Dense(num_units=10, name='dense1')
        self.dense2 = Dense(num_units=10, name='dense2')

    @tf.function
```

```python
    def call(self, inputs):
        x = self.dense1(inputs)
        x = self.dense2(inputs)
        x = self.dense2(inputs)
        return x

model = Model()
print(model(np.random.rand(10, 32)))
```

我们可以注意到，在 TensorFlow 2 中，变量的作用域以及复用变量的问题自然地淡化了。基于 Python 类的模型建立方式自然地为变量指定了作用域，而变量的重用也可以通过简单地多次调用同一个层来实现。

为了详细了解上面的代码对变量作用域的处理方式，我们使用 get_concrete_function 导出计算图，并输出计算图中的所有变量节点：

```python
graph = model.call.get_concrete_function(np.random.rand(10, 32))
print(graph.variables)
```

输出如下：

```
(<tf.Variable 'dense1/weight:0' shape=(32, 10) dtype=float32, numpy=...>,
 <tf.Variable 'dense1/bias:0' shape=(10,) dtype=float32, numpy=...>,
 <tf.Variable 'dense2/weight:0' shape=(32, 10) dtype=float32, numpy=...>,
 <tf.Variable 'dense2/bias:0' shape=(10,) dtype=float32, numpy=...)
```

可见，TensorFlow 2 的图执行模式在变量的作用域上与 TensorFlow 1.x 实际保持了一致。我们通过 name 参数为每个层指定的名称将成为层内变量的作用域。

> **小结**
>
> 在 TensorFlow 1.x 的 API 中，使用 tf.variable_scope() 及 reuse 参数来实现变量作用域和复用变量的功能。在 TensorFlow 2 中，使用 tf.keras.layers.Layer 和 tf.keras.Model 来封装代码和指定作用域，从而使变量的作用域以及复用变量的问题自然淡化。两者的实质是一样的。

15.2 自动求导机制与优化器

在本节中，我们将对 TensorFlow 1.x 和 TensorFlow 2 在图执行模式下的自动求导机制进行较深入的比较说明。

15.2.1 自动求导机制

我们首先回顾 TensorFlow 1.x 中的自动求导机制。在 TensorFlow 1.x 的图执行模式 API 中，可以使用 tf.gradients(y, x) 来计算计算图中的张量节点 y 相对于变量 x 的导数。以下示例展示了在 TensorFlow 1.x 的图执行模式 API 中计算 $y = x^2$ 在 $x = 3$ 时的导数：

```
x = tf.get_variable('x', dtype=tf.float32, shape=[], initializer=tf.constant_initializer(3.))
y = tf.square(x)      # y = x ^ 2
y_grad = tf.gradients(y, x)
```

在以上代码中，计算图中的节点 y_grad 为 y 相对于 x 的导数。

而在 TensorFlow 2 的图执行模式 API 中，我们使用 tf.GradientTape 这一上下文管理器封装需要求导的计算步骤，并使用其 gradient 方法求导，代码示例如下：

```
x = tf.Variable(3.)
@tf.function
def grad():
    with tf.GradientTape() as tape:
        y = tf.square(x)
    y_grad = tape.gradient(y, x)
    return y_grad
```

小结

在 TensorFlow 1.x 中，我们使用 tf.gradients() 求导。而在 TensorFlow 2 中，我们使用 tf.GradientTape 这一上下文管理器封装需要求导的计算步骤，并使用其 gradient 方法求导。

15.2.2　优化器

由于机器学习中的求导往往伴随着优化，所以 TensorFlow 中更常用的是优化器（optimizer）。在 TensorFlow 1.x 的图执行模式 API 中，我们往往使用 tf.train 中的各种优化器，将求导和调整变量值的步骤合二为一。例如，以下代码片段在计算图构建过程中，使用 tf.train. GradientDescentOptimizer 这一梯度下降优化器优化损失函数 loss：

```
y_pred = model(data_placeholder)      # 模型构建
loss = ...                            # 计算模型的损失函数 loss
optimizer = tf.train.GradientDescentOptimizer(learning_rate=0.001)
train_one_step = optimizer.minimize(loss)
# 上面一步也可拆分为
# grad = optimizer.compute_gradients(loss)
# train_one_step = optimizer.apply_gradients(grad)
```

在以上代码中，train_one_step 为一个将求导和变量值更新合二为一的计算图节点（操作），也就是训练过程中的“一步”。特别需要注意的是，对于优化器的 minimize 方法而言，只需要指定待优化的损失函数张量节点 loss 即可，求导的变量可以自动从计算图中获得（即 tf.trainable_variables）。在计算图构建完成后，只需启动会话，使用 sess.run 方法运行

train_one_step 这一计算图节点，并通过 feed_dict 参数送入训练数据，即可完成一步训练。
代码片段如下：

```
for data in dataset:
    data_dict = ... # 将训练所需数据放入字典 data 内
    sess.run(train_one_step, feed_dict=data_dict)
```

而在 TensorFlow 2 的 API 中，无论是图执行模式还是即时执行模式，均先使用 tf.GradientTape
进行求导操作，然后再使用优化器的 apply_gradients 方法应用已求得的导数，进行变量值的
更新，这一过程和 TensorFlow 1.x 中优化器的 compute_gradients + apply_gradients 十分类
似。同时，在 TensorFlow 2 中，无论是求导还是使用导数更新变量值，都需要显式地指定变量。
计算图的构建代码结构如下：

```
optimizer = tf.keras.optimizer.SGD(learning_rate=...)

@tf.function
def train_one_step(data):
    with tf.GradientTape() as tape:
        y_pred = model(data)        # 模型构建
        loss = ...                  # 计算模型的损失函数 loss
    grad = tape.gradient(loss, model.variables)
    optimizer.apply_gradients(grads_and_vars=zip(grads, model.variables))
```

在计算图构建完成后，我们直接调用 train_one_step 函数并送入训练数据即可：

```
for data in dataset:
    train_one_step(data)
```

> **小结**
>
> 在 TensorFlow 1.x 中，我们多使用优化器的 minimize 方法，将"求导"和"变量值更
> 新"这两个过程合二为一。而在 TensorFlow 2 中，我们需要先使用 tf.GradientTape 进行
> 求导操作，再使用优化器的 apply_gradients 方法应用已求得的导数，进行变量值的更新。
> 而且这两步都需要显式指定待求导和待更新的变量。

15.2.3* 自动求导机制的计算图对比

为了帮助读者更深刻地理解 TensorFlow 的自动求导机制，本节我们以前面的"计算 $y = x^2$
在 $x = 3$ 时的导数"为例，展示 TensorFlow 1.x 和 TensorFlow 2 在图执行模式下，为这一求导过
程所建立的计算图，并进行详细讲解。

在 TensorFlow 1.x 的图执行模式 API 中，将生成的计算图使用 TensorBoard 进行展示，如
图 15-1 所示。

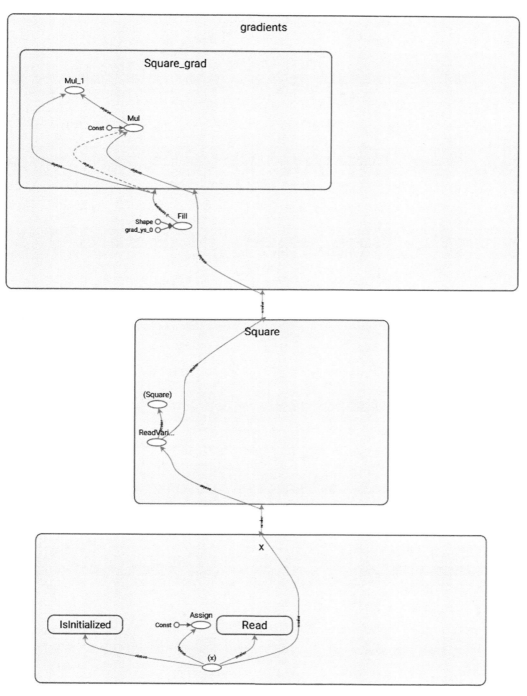

图 15-1　使用 TensorFlow 1.x 的图执行模式 API 生成的计算图

在计算图中，灰色的块为节点的命名空间（namespace，后文简称"块"），椭圆形代表操作节点（OpNode），圆形代表常量，灰色的箭头代表数据流。为了弄清计算图节点 x、y 和 y_grad 与计算图中节点的对应关系，我们将这些变量节点输出，可见：

- x：<tf.Variable 'x:0' shape=() dtype=float32>
- y：Tensor("Square:0", shape=(), dtype=float32)
- y_grad：[<tf.Tensor 'gradients/Square_grad/Mul_1:0' shape=() dtype=float32>]

在 TensorBoard 中，我们也可以通过点击节点获得节点名称。通过比较可以得知，变量 x 对应计算图最下方的 x，节点 y 对应计算图 Square 块的 (Square)，节点 y_grad 对应计算图上方 Square_grad 的 Mul_1 节点。同时我们还可以通过点击节点发现，Square_grad 块里的 const 节点值为 2，gradients 块里的 grad_ys_0 值为 1，Shape 值为空，以及 x 块的 const 节点值为 3。

接下来，我们开始具体分析这个计算图的结构。我们可以注意到，这个计算图的结构是比较清晰的，x 块负责变量的读取和初始化，Square 块负责求平方 y = x ^ 2，gradients 块则负责对 Square 块的操作求导，即计算 y_grad = 2 * x。由此我们可以看出，tf.gradients 是一个相对比较"庞大"的操作，并非如一般的操作一样往计算图中添加了一个或几个节点，而是建立了一个庞大的子图，以应用链式法则求计算图中特定节点的导数。

在 TensorFlow 2 的图执行模式 API 中，将生成的计算图使用 TensorBoard 进行展示，如图 15-2 所示。

我们可以注意到，除了求导过程没有封装在 gradients 块内，以及变量的处理简化以外，其他的区别并不大。由此，我们可以看出，在图执行模式下，tf.GradientTape 上下文管理器的 gradient 方法和 TensorFlow 1.x 的 tf.gradients 是基本等价的。

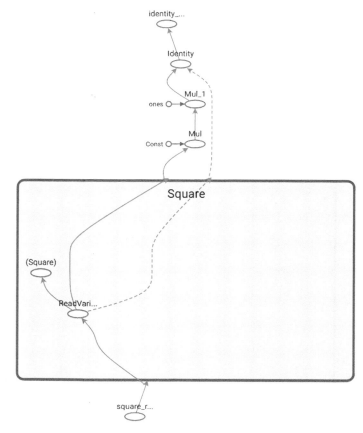

图 15-2　使用 TensorFlow 2 的图执行模式 API 生成的计算图

小结

对于 TensorFlow 1.*x* 中的 **tf.gradients** 和 TensorFlow 2 图执行模式下的 **tf.GradientTape**
上下文管理器，尽管二者在 API 层面的调用方法略有不同，但最终生成的计算图是基本一
致的。

15.3 基础示例：线性回归

本节我们将为 2.3 节的线性回归示例提供一个基于 TensorFlow 1.*x* 的图执行模式 API 的版
本，供有需要的读者对比参考。

与 2.3 节的 NumPy 和即时执行模式不同，TensorFlow 1.*x* 的图执行模式使用**符号式编程**来
进行数值运算。首先，我们需要将待计算的过程抽象为计算图，将输入、运算和输出都用符号
化的节点来表达。然后，我们将数据不断地送入输入节点，让数据沿着计算图进行计算和流动，
最终到达我们需要的特定输出节点。

以下代码展示了如何用基于 TensorFlow 1.*x* 的符号式编程方法完成与前节相同的任务。其中，
tf.placeholder() 可以视为一种"符号化的输入节点"，使用 **tf.get_variable()** 定义模型
的参数（**Variable** 类型的张量可以使用 **tf.assign()** 操作进行赋值），而 **sess.run(output_
node, feed_dict={input_node: data})** 可以视作将数据送入输入节点，沿着计算图计算并到
达输出节点并返回值的过程。

```python
import tensorflow.compat.v1 as tf
tf.disable_eager_execution()

# 定义数据流图
learning_rate_ = tf.placeholder(dtype=tf.float32)
X_ = tf.placeholder(dtype=tf.float32, shape=[5])
y_ = tf.placeholder(dtype=tf.float32, shape=[5])
a = tf.get_variable('a', dtype=tf.float32, shape=[], initializer=tf.zeros_initializer)
b = tf.get_variable('b', dtype=tf.float32, shape=[], initializer=tf.zeros_initializer)

y_pred = a * X_ + b
loss = tf.constant(0.5) * tf.reduce_sum(tf.square(y_pred - y_))

# 反向传播，手动计算变量（模型参数）的梯度
grad_a = tf.reduce_sum((y_pred - y_) * X_)
grad_b = tf.reduce_sum(y_pred - y_)

# 梯度下降法，手动更新参数
new_a = a - learning_rate_ * grad_a
new_b = b - learning_rate_ * grad_b
update_a = tf.assign(a, new_a)
update_b = tf.assign(b, new_b)

train_op = [update_a, update_b]
```

```
# 数据流图定义到此结束
# 注意，直到目前，我们都没有进行任何实质的数据计算，仅仅是定义了一个数据图

num_epoch = 10000
learning_rate = 1e-3
with tf.Session() as sess:
    # 初始化变量 a 和 b
    tf.global_variables_initializer().run()
    # 循环将数据送入上面建立的数据流图中进行计算和更新变量
    for e in range(num_epoch):
        sess.run(train_op, feed_dict={X_: X, y_: y, learning_rate_: learning_rate})
    print(sess.run([a, b]))
```

15.3.1　自动求导机制

在上面的两个示例中，我们都是通过手工计算来获得损失函数关于各参数的偏导数的。但当模型和损失函数都变得十分复杂时（尤其是深度学习模型），这种手动求导的工程量就难以被接受了。因此，在 TensorFlow 1.x 版本的图执行模式中，TensorFlow 同样提供了自动求导机制。类似于即时执行模式下的 tape.grad(ys, xs)，可以利用 TensorFlow 的求导操作 tf.gradients(ys, xs) 来求出损失函数 loss 关于 a 和 b 的偏导数。因此，我们可以将前面两行手工计算导数的代码：

```
# 反向传播，手动计算变量（模型参数）的梯度
grad_a = tf.reduce_sum((y_pred - y_) * X_)
grad_b = tf.reduce_sum(y_pred - y_)
```

替换为：

```
grad_a, grad_b = tf.gradients(loss, [a, b])
```

计算结果将不会改变。

15.3.2　优化器

TensorFlow 1.x 版本的图执行模式也附带多种**优化器**（optimizer），可以将求导和梯度更新一并完成。我们可以将上节的代码：

```
# 反向传播，手动计算变量（模型参数）的梯度
grad_a = tf.reduce_sum((y_pred - y_) * X_)
grad_b = tf.reduce_sum(y_pred - y_)

# 梯度下降法，手动更新参数
new_a = a - learning_rate_ * grad_a
new_b = b - learning_rate_ * grad_b
update_a = tf.assign(a, new_a)
update_b = tf.assign(b, new_b)

train_op = [update_a, update_b]
```

整体替换为：

```
optimizer = tf.train.GradientDescentOptimizer(learning_rate=learning_rate_)
grad = optimizer.compute_gradients(loss)
train_op = optimizer.apply_gradients(grad)
```

这里，我们先实例化了一个 TensorFlow 中的梯度下降优化器 tf.train.GradientDescent-Optimizer() 并设置学习率。然后利用其 compute_gradients(loss) 方法求出 loss 对所有变量（参数）的梯度。最后通过 apply_gradients(grad) 方法，根据前面算出的梯度来更新变量（参数）的值。

以上三行代码等价于下面一行代码：

```
train_op = tf.train.GradientDescentOptimizer(learning_rate=learning_rate_).minimize(loss)
```

使用自动求导机制和优化器简化后的代码如下：

```python
import tensorflow.compat.v1 as tf
tf.disable_eager_execution()

learning_rate_ = tf.placeholder(dtype=tf.float32)
X_ = tf.placeholder(dtype=tf.float32, shape=[5])
y_ = tf.placeholder(dtype=tf.float32, shape=[5])
a = tf.get_variable('a', dtype=tf.float32, shape=[], initializer=tf.zeros_initializer)
b = tf.get_variable('b', dtype=tf.float32, shape=[], initializer=tf.zeros_initializer)

y_pred = a * X_ + b
loss = tf.constant(0.5) * tf.reduce_sum(tf.square(y_pred - y_))

# 反向传播，利用 TensorFlow 的梯度下降优化器自动计算并更新变量（模型参数）的梯度
train_op = tf.train.GradientDescentOptimizer(learning_rate=learning_rate_).minimize(loss)

num_epoch = 10000
learning_rate = 1e-3
with tf.Session() as sess:
    tf.global_variables_initializer().run()
    for e in range(num_epoch):
        sess.run(train_op, feed_dict={X_: X, y_: y, learning_rate_: learning_rate})
    print(sess.run([a, b]))
```

tf.GradientTape 详解

tf.GradientTape 的出现是 TensorFlow 2 最大的变化之一。它以一种简洁优雅的方式，为 TensorFlow 的即时执行模式和图执行模式提供了统一的自动求导 API。不过对于从 TensorFlow 1.x 过渡到 TensorFlow 2 的开发人员而言，也增加了一定的学习门槛。本章即在 2.2 节的基础上，详细介绍 tf.GradientTape 的使用方法及机制。

16.1 基本使用

tf.GradientTape 是一个记录器，能够记录在其上下文环境中的计算步骤和操作，并用于自动求导。使用方法分为两步：

(1) 使用 with 语句，将需要求导的计算步骤封装在 tf.GradientTape 的上下文中；
(2) 使用 tf.GradientTape 的 gradient 方法计算导数。

回顾 2.2 节所举的例子，使用 tf.GradientTape() 计算函数 $y(x) = x^2$ 在 $x = 3$ 时的导数：

```python
import tensorflow as tf

x = tf.Variable(initial_value=3.)
with tf.GradientTape() as tape:       # 在 tf.GradientTape() 的上下文内，所有计算步骤
                                      # 都会被记录以用于求导

    y = tf.square(x)
y_grad = tape.gradient(y, x)          # 计算 y 关于 x 的导数
print([y, y_grad])
```

在这里，初学者往往迷惑于此处 with 语句的用法，即"为什么离开了上下文环境，tape 还可以被使用？"这样的疑惑是有一定道理的，因为在实际应用中，with 语句大多用于对资源进行访问的场合，保证资源在使用后得到恰当的清理或释放，例如我们熟悉的文件写入：

```python
with open('test.txt', 'w') as f:     # open() 是文件资源的上下文管理器，f 是文件资源对象
    f.write('hello world')
f.write('another string')    # 报错，因为离开上下文环境时，资源对象 f 被其上下文管理器所释放
```

在 TensorFlow 2 中，尽管 tf.GradientTape 也可以被视为一种"资源"的上下文管理器，

但和传统的资源有所区别。传统的资源在进入上下文管理器时获取资源对象，离开时释放资源对象，因此在离开上下文环境后再访问资源对象往往无效。而 tf.GradientTape 是在进入上下文管理器时新建记录器并开启记录，离开上下文管理器时让记录器停止记录。停止记录不代表记录器被释放。事实上，记录器所记录的信息仍然保留，只是不再记录新的信息。因此 tape 的 gradient 方法依然可以使用，以利用已记录的信息计算导数。我们使用以下示例代码来说明这一点：

```python
import tensorflow as tf

x = tf.Variable(initial_value=3.)
with tf.GradientTape() as tape:        # tf.GradientTape() 是上下文管理器，tape 是记录器
    y = tf.square(x)
    with tape.stop_recording():        # 在上下文管理器内，记录进行中，暂时停止记录成功
        print('temporarily stop recording')
with tape.stop_recording():            # 在上下文管理器外，记录已停止，尝试暂时停止记录报错
    pass
y_grad = tape.gradient(y, x)           # 在上下文管理器外，tape 的记录信息仍然保留，导数计算成功
```

在以上代码中，tape.stop_recording() 上下文管理器可以暂停计算步骤的记录。也就是说，在该上下文内的计算步骤都无法使用 tape 的 gradient 方法求导。在第一次调用 tape.stop_recording() 时，tape 是处于记录状态的，因此调用成功。而第二次调用 tape.stop_recording() 时，由于 tape 已经离开了 tf.GradientTape 上下文，在离开时 tape 的记录状态被停止，所以调用失败，报错：ValueError: Tape is not recording.（记录器已经停止记录）。

16.2 监视机制

在 tf.GradientTape 中，通过监视（watch）机制来决定 tf.GradientTape 可以对哪些变量求导。在默认情况下，可训练（trainable）的变量（如 tf.Variable）会被自动加入 tf.GradientTape 的监视列表，因此 tf.GradientTape 可以直接对这些变量求导。而另一些类型的张量（例如 tf.Constant）不在默认列表中，若需要对这些张量求导，需要使用 watch 方法手动将张量加入监视列表中。以下示例代码说明了这一点：

```python
import tensorflow as tf

x = tf.constant(3.)                    # x 为常量类型张量，默认无法对其求导
with tf.GradientTape() as tape:
    y = tf.square(x)
y_grad_1 = tape.gradient(y, x)         # 求导结果为 None
with tf.GradientTape() as tape:
    tape.watch(x)                      # 使用 tape.watch 手动将 x 加入监视列表
    y = tf.square(x)
y_grad_2 = tape.gradient(y, x)         # 求导结果为 tf.Tensor(6.0, shape=(), dtype=float32)
```

如果你希望自己掌控需要监视的变量，可以将 watch_accessed_variables=False 选项传入 tf.GradientTape，并使用 watch 方法手动逐个加入需要监视的变量。

16.3　高阶求导

　　tf.GradientTape 支持嵌套使用。通过嵌套 tf.GradientTape 上下文管理器，可以轻松地实现二阶、三阶甚至更多阶的求导。以下示例代码计算了 $y(x) = x^2$ 在 $x = 3$ 时的一阶导数 dy_dx 和二阶导数 d2y_dx2：

```
import tensorflow as tf

x = tf.Variable(3.)
with tf.GradientTape() as tape_1:
    with tf.GradientTape() as tape_2:
        y = tf.square(x)
    dy_dx = tape_2.gradient(y, x)    # 值为 6.0
d2y_dx2 = tape_1.gradient(dy_dx, x)  # 值为 2.0
```

　　由于 $\dfrac{\mathrm{d}y}{\mathrm{d}x} = 2x$，$\dfrac{\mathrm{d}^2 y}{\mathrm{d}x^2} = \dfrac{\mathrm{d}}{\mathrm{d}x}\dfrac{\mathrm{d}y}{\mathrm{d}x} = 2$，故期望值为 dy_dx = 2 * 3 = 6，d2y_dx2 = 2，可见实际计算值与预期结果相符。

　　我们可以从上面的代码中看出，高阶求导实际上是通过对使用 tape 的 gradient 方法求得的导数继续求导来实现的。也就是说，求导操作（即 tape 的 gradient 方法）和其他计算步骤（如 y = tf.square(x)）没有什么本质的不同，同样是可以被 tf.GradientTape 记录的计算步骤。

16.4　持久保持记录与多次求导

　　在默认情况下，每个 tf.GradientTape 的记录器在调用一次 gradient 方法后，其记录的信息就会被释放，也就是说这个记录器就无法再使用了。但如果我们要多次调用 gradient 方法进行求导，可以将 persistent=True 参数传入 tf.GradientTape，使得该记录器持久保持记录的信息。并在求导完成后手工使用 del 释放记录器资源。以下示例展示了用一个持久的记录器 tape 分别计算 $y(x) = x^2$ 在 $x = 3$ 时的导数，以及 $y(x) = x^3$ 在 $x = 2$ 时的导数：

```
import tensorflow as tf

x_1 = tf.Variable(3.)
x_2 = tf.Variable(2.)
with tf.GradientTape(persistent=True) as tape:
    y_1 = tf.square(x_1)
    y_2 = tf.pow(x_2, 3)
y_grad_1 = tape.gradient(y_1, x_1)  # 6.0 = 2 * 3.0
y_grad_2 = tape.gradient(y_2, x_2)  # 12.0 = 3 * 2.0 ^ 2
del tape
```

16.5 图执行模式

在图执行模式（即使用 tf.function 封装计算图）下也可以使用 tf.GradientTape。此时，它与 TensorFlow 1.*x* 中的 tf.gradients 基本相同。详情见 15.2.3 节。

16.6 性能优化

由于 tf.GradientTape 上下文中的任何计算步骤都会被记录器所记录，所以为了提高 tf.GradientTape 的记录效率，应当尽量只将需要求导的计算步骤封装在 tf.GradientTape 的上下文中。如果需要在中途临时加入一些无须记录求导的计算步骤，可以使用 16.1 节介绍的 tape.stop_recording() 来暂停上下文记录器的记录。同时，正如我们在 16.3 节所介绍的那样，求导动作本身（即 tape 的 gradient 方法）也是一个计算步骤。因此，一般而言，除非需要进行高阶求导，否则应当避免在 tf.GradientTape 的上下文内调用其 gradient 方法，这会导致求导操作本身被 GradientTape 记录，从而造成效率的降低：

```
import tensorflow as tf

x = tf.Variable(3.)
with tf.GradientTape(persistent=True) as tape:
    y = tf.square(x)
    y_grad = tape.gradient(y, x)        # 如果后续并不需要对 y_grad 求导，则不建议在上下文环境中求导
    with tape.stop_recording():         # 对于无须记录求导的计算步骤，可以暂停记录器后计算
        y_grad_not_recorded = tape.gradient(y, x)
d2y_dx2 = tape.gradient(y_grad, x)  # 如果后续需要对 y_grad 求导，则 y_grad 必须写在上下文中
```

16.7 实例：对神经网络的各层变量独立求导

在实际的训练流程中，我们有时需要对 tf.keras.Model 模型的部分变量求导，或者对模型不同部分的变量采取不同的优化策略。此时，我们可以通过模型中各个 tf.keras.layers.Layer 层的 variables 属性取出层内的部分变量，并对这部分变量单独应用优化器。以下示例展示了使用一个持久的 tf.GradientTape 记录器，对 3.2 节中多层感知机的第一层和第二层独立进行优化的过程：

```
import tensorflow as tf
from zh.model.mnist.mlp import MLP
from zh.model.utils import MNISTLoader

num_epochs = 5
batch_size = 50
learning_rate_1 = 0.001
learning_rate_2 = 0.01

model = MLP()
data_loader = MNISTLoader()
```

```python
# 声明两个优化器，设定不同的学习率，分别用于更新 MLP 模型的第一层和第二层
optimizer_1 = tf.keras.optimizers.Adam(learning_rate=learning_rate_1)
optimizer_2 = tf.keras.optimizers.Adam(learning_rate=learning_rate_2)
num_batches = int(data_loader.num_train_data // batch_size * num_epochs)
for batch_index in range(num_batches):
    X, y = data_loader.get_batch(batch_size)
    with tf.GradientTape(persistent=True) as tape:    # 声明一个持久的 GradientTape，允许我们
                                                      # 多次调用 tape.gradient 方法
        y_pred = model(X)
        loss = tf.keras.losses.sparse_categorical_crossentropy(y_true=y, y_pred=y_pred)
        loss = tf.reduce_mean(loss)
        print("batch %d: loss %f" % (batch_index, loss.numpy()))
    grads = tape.gradient(loss, model.dense1.variables)    # 单独求第一层参数的梯度
    # 单独对第一层参数更新，学习率 0.001
    optimizer_1.apply_gradients(grads_and_vars=zip(grads, model.dense1.variables))
    grads = tape.gradient(loss, model.dense2.variables)    # 单独求第二层参数的梯度
    # 单独对第二层参数更新，学习率 0.01
    optimizer_1.apply_gradients(grads_and_vars=zip(grads, model.dense2.variables))
```

第 17 章

TensorFlow 性能优化

本节主要介绍 TensorFlow 模型在开发和训练中的一些原则和经验，使得读者能够编写出更加高效的 TensorFlow 程序。

17.1 关于计算性能的若干重要事实

在算法课程中，我们往往使用时间复杂度（大写字母 O）表示一个算法的性能。这种表示方法对于算法理论性能分析非常有效，但也可能给我们带来一种误解，即常数项的时间复杂度变化对实际的数值计算效率影响不大。事实上，在实际的数值计算中，有以下关于计算性能的重要事实。尽管它们带来的都是常数级的时间复杂度变化，但对计算性能的影响却相当显著。

- ❏ 对于不同的程序设计语言，由于设计机制、理念、编译器和解释器的实现方式不同，在数值计算效率上有着巨大的区别。例如，Python 语言为了增强语言的动态性，而牺牲了大量计算效率；C 和 C++ 语言虽然复杂，但具有出色的计算效率。简而言之，对程序员友好的语言往往对计算机不友好，反之亦然。不同程序设计语言带来的性能差距可达 10^2 数量级以上。TensorFlow 等各种数值计算库的底层就是使用 C++ 开发的。
- ❏ 对于矩阵运算，由于有内置的并行加速和硬件优化过程，数值计算库的内置方法（底层调用 BLAS）往往要远快于直接使用 for 循环，大规模计算下的性能差距可达 10^2 数量级以上。
- ❏ 对于矩阵和张量运算，GPU 的并行架构（大量小的计算单元并行运算）使其相较于 CPU 具有明显优势，具体视 CPU 和 GPU 的性能而定。在 CPU 和 GPU 级别相当时，大规模张量计算的性能差距一般可达 10^1 以上。

以下示例程序使用了 Python 的三重 for 循环、Cython 的三重 for 循环、NumPy 的 dot 函数和 TensorFlow 的 matmul 函数，分别计算了两个 10 000 × 10 000 的随机矩阵 A 和 B 的乘积。程序运行平台为一台具备 Intel i9-9900K 处理器、NVIDIA GeForce RTX 2060 SUPER 显卡与 64 GB 内存的个人计算机（后文亦同）。运行所需时间分别标注在了程序的注释中：

```
import tensorflow as tf
import numpy as np
```

```
import time
import pyximport; pyximport.install()
import matrix_cython

A = np.random.uniform(size=(10000, 10000))
B = np.random.uniform(size=(10000, 10000))

start_time = time.time()
C = np.zeros(shape=(10000, 10000))
for i in range(10000):
    for j in range(10000):
        for k in range(10000):
            C[i, j] += A[i, k] * B[k, j]
print('time consumed by Python for loop:', time.time() - start_time)    # 约 700000s

start_time = time.time()
C = matrix_cython.matmul(A, B)        # Cython 代码为上述 Python 代码的 C 语言版本，此处省略
print('time consumed by Cython for loop:', time.time() - start_time)    # 约 8400s

start_time = time.time()
C = np.dot(A, B)
print('time consumed by np.dot:', time.time() - start_time)       # 5.61s

A = tf.constant(A)
B = tf.constant(B)
start_time = time.time()
C = tf.matmul(A, B)
print('time consumed by tf.matmul:', time.time() - start_time)  # 0.77s
```

可见，同样是 $O(n^3)$ 时间复杂度的矩阵乘法（具体而言，10^{12} 次浮点数乘法的计算量），使用 GPU 加速的 TensorFlow 竟然比直接使用原生 Python 循环快了近 100 万倍！这种极大幅度的优化来源于两个方面：一是使用更为高效的底层计算操作，避免了原生 Python 语言解释器的各种冗余检查所带来的性能损失（例如，Python 中每从数组中取一次数，都需要检查一次是否下标越界）；二是利用了矩阵相乘运算具有的可并行性。在矩阵相乘 $A \times B$ 的计算中，矩阵 A 的每一行与矩阵 B 的每一列所进行的乘法操作都是可以同时进行的，而没有任何的依赖关系。

17.2 模型开发：拥抱张量运算

在 TensorFlow 的模型开发中，应当尽量减少 for 循环的使用，多使用基于矩阵或者张量的运算。这样一方面可以利用计算机对矩阵运算的充分优化，另一方面可以减少计算图中的操作个数，避免让 TensorFlow 的计算图变得臃肿。

举一个例子，假设有 1000 个尺寸为 100 × 1000 的矩阵，构成一个形状为 [1000, 100, 1000] 的三维张量 A，而现在希望将这个三维张量里的每一个矩阵与一个尺寸为 1000 × 1000 的矩阵 B 相乘，再将得到的 1000 个矩阵在第 0 维堆叠起来，得到形状为 [1000, 100, 1000] 的张量 C。为了实现以上内容，我们可以自然地写出以下代码：

```
C = []
for i in range(1000):
    C.append(tf.matmul(A[i], B))
C = tf.stack(C, axis=0)
```

这段代码耗时约 0.40 秒，进行了 1000 次 `tf.matmul` 操作。然而，我们注意到，以上操作其实是一个批次操作。与机器学习中批次（batch）的概念类似，批次中的所有元素形状相同，且都执行了相同的运算。那么，是否有哪个操作能够帮助我们一次性计算这 1000 个矩阵构成的张量 A 与矩阵 B 的乘积呢？答案是肯定的。TensorFlow 中的函数 `tf.einsum` 即可帮我们实现这一运算。考虑到矩阵乘法的计算过程是 $C_{ik} = \sum_j A_{ij} B_{jk}$，我们可以将这一计算过程的描述抽象为 ij,jk->ik。于是，对于这个三维张量乘以二维矩阵的"批次乘法"，其计算过程为 $C_{ijl} = \sum_k A_{ijk} B_{kl}$，我们可以将其抽象为 ijk,kl->ijl。于是，调用 `tf.einsum`，我们有以下写法：

```
C = tf.einsum('ijk,kl->ijl', A, B)
```

这段代码与之前基于 `for` 循环的代码计算结果相同，耗时约 0.28 秒，且在计算图中只需建立一个计算节点。

17.3　模型训练：数据预处理和预载入

相对于模型的训练而言，有时候数据的预处理和载入反而是一件更为耗时的工作。为了优化模型的训练流程，有必要对训练的全流程做出时间上的评测（profiling），弄清每一步所耗费的时间，并发现性能上的瓶颈。这一步可以使用 TensorBoard 的评测工具（参考 4.2.2 节），也可以简单地使用 Python 的 `time` 库在终端输出每一步所用时间。评测完成后，如果发现瓶颈在数据端（例如每一步训练只花费 1 秒，而处理数据就花了 5 秒），我们就需要思考数据端的优化方式。一般而言，我们既可以通过事先预处理好需要传入模型训练的数据来提高性能，也可以在模型训练的时候并行进行数据的读取和处理。可以参考 4.3.3 节以了解详情。

17.4　模型类型与加速潜力的关系

模型本身的类型也会对模型加速的潜力有影响，一个不严谨的大致印象是：卷积神经网络（CNN）＞循环神经网络（RNN）＞强化学习（RL）。由于 CNN 每一层的卷积核（神经元）都可以进行并行计算，所以它比较容易利用 GPU 的并行计算能力来加速，可以达到非常明显的加速效果。RNN 因为存在时间依赖的序列结构，所以很多运算必须顺序进行，因此 GPU 并行计算带来的性能提升相对较少。RL 不仅存在时间依赖的序列结构，还要频繁和环境交互（环境往往是基于 CPU 的模拟器），GPU 带来的提升就更为有限。由于 CPU 和 GPU 之间的切换本身需要耗费资源，所以有些时候使用 GPU 进行强化学习反而在性能上明显不如 CPU，尤其是一些模型本身较小而交互又特别频繁的场景（比如多智能体强化学习）。

17.5　使用针对特定 CPU 指令集优化的 TensorFlow

现代 CPU 往往支持使用特定的扩展指令集（例如 SSE 和 AVX）来提升 CPU 性能。在默认情况下，TensorFlow 为了支持更多 CPU，在默认编译时并未加入全部扩展指令集。这也是你经常在 TensorFlow 运行时看到类似以下提示的原因：

```
I tensorflow/core/platform/cpu_feature_guard.cc:142] Your CPU supports instructions that
this TensorFlow binary was not compiled to use: AVX2
```

以上提示告诉你，你的 CPU 支持 AVX2 指令集，但当前安装的 TensorFlow 版本并未针对这一指令集进行优化。

不过，如果你的机器学习任务恰好在 CPU 上训练更加有效，或者因为某些原因而必须在 CPU 上训练，那么你可以通过开启这些扩展指令集来"榨干"最后一点 TensorFlow 本体的性能提升空间。一般而言，开启这些扩展指令集必须重新编译 TensorFlow（这一过程漫长而痛苦，并不推荐一般人尝试），不过好在有一些第三方编译的，开启了扩展指令集的 TensorFlow 版本。你可以根据自己 CPU 支持的扩展指令集，下载并安装第三方提供的预编译的 .whl 文件来使用开启了扩展指令集的 TensorFlow。此处性能的提升也视应用而定，我使用支持 AVX2 指令集的 AMD Ryzen 5 3500U 处理器，使用 4.5 节中的 MNIST 分类任务进行测试。针对 AVX2 优化后的 TensorFlow 速度可以提升约 5%~10%。

17.6　性能优化策略

从以上介绍可以看出，模型运行效率低，不一定是由于硬件性能不够好。在购买高性能硬件的时候，有必要思考一下现有硬件的性能是否已经通过优化而得到了充分应用。如果不能确定，可以先租借一台高性能硬件（如云服务）并在上面运行模型，观察性能提升的程度。租借的成本远低于升级或购买新硬件，对于个人开发者而言性价比更高。

同时，性能优化也存在一个"度"的问题。一方面，我们有必要在机器学习模型开发的初期就考虑良好的设计和架构，使得模型在高可复用性的基础上达到较优的运行性能。另一方面，机器学习的代码本身往往已经相当复杂，如果我们在本已十分复杂的代码上又加入大量的优化逻辑，有可能会造成代码可读性上的灾难。我的建议是，正如软件工程中的名言"premature optimization is the root of all evil"（过早的优化是万恶之源），不要过早地加入一些性能收益不大、而且还会严重牺牲代码可读性的性能优化。一些更细致的性能优化工作可以等到模型开发完毕并确认可靠性后再进行。

## 第 18 章

Android 端侧 Arbitrary Style Transfer 模型部署

谷歌在 Artistic Style Transfer with TensorFlow Lite 中给出了基于 Python 环境的模型部署方案。接下来我们将直接复用该模型，尝试在 Android 设备中部署 Arbitrary Style Transfer 模型，本章可理解为第 7 章的进阶版。

Arbitrary Style Transfer 模型可以根据风格图片将任意图片转化为相似风格的新图片，它包含 style predict 和 style transform 两个模型，它们的输入和输出如下。

- ❑ style predict 模型
  - ▪ 输入：风格图片。
  - ▪ 输出：bottleneck。
- ❑ style transform 模型
  - ▪ 输入：待转换风格的图片、bottleneck。
  - ▪ 输出：转换后的图片。

在整个端侧部署过程中，主要涉及的工作如下。

(1) TensorFlow Lite Android Support Library 的使用

在第 7 章中我们可以看到，模型的输入处理过程是比较麻烦的，需要考虑原始图片大小、模型对图像的大小限制、模型对输入数据的格式限制以及数据的转换等。我们需要先通过 visual.py 来查看模型的输入和输出，然后手动将输入和输出转换为符合模型需要的 ByteBuffer 或数组，调试起来很艰难。TensorFlow Lite Android Support Library 是谷歌新开发的库，当前还处于实验阶段，可以帮助开发者简化对 TFLite 模型输入和输出的处理。

(2) TensorFlow Lite 的 GPU 和 NNAPI Delegate 的使用

为了充分利用了设备上除 CPU 之外的其他计算资源，代理（Delegate）主要在算子级别将部分计算转到 GPU、NPU 等设备上，这样可以加快模型的运行速度。

18.1 Arbitrary Style Transfer 模型解析

下面对 style predict 模型和 style transform 模型的属性进行分析。

18.1.1 输入输出

在第 7 章我们介绍了模型可视化工具 visual.py 的使用方法，通过 visual.py 获得的 style predict 模型和 style transform 模型的输入、输出如表 18-1 所示。

表 18-1　style predict 模型和 style transform 模型的输入、输出

模　　型	输　　入	输　　出
style predict	172 style_image FLOAT32 [1, 256, 256, 3]	173 mobilenet_conv/Conv/BiasAdd FLOAT32 [1, 1, 1, 100]
style transform	0 content_image FLOAT32 [1, 384, 384, 3] 1 mobilenet_conv/Conv/BiasAdd FLOAT32 [1, 1, 1, 100]	168 transformer/expand/conv3/conv/Sigmoid FLOAT32 []

下面解释一下表 18-1。

- ❑ style predict 模型
  - ▪ 输入：172 号 tensor，名称为 `style_iamge`、大小为 1 × 256 × 256 × 3 的 RGB 图像 `FLOAT32` 数组（元素取值范围为 0~1.0）。
  - ▪ 输出：173 号 tensor，名称为 `mobilenet_conv/Conv/BiasAdd`、大小为 100 的 `FLOAT32` 数组（元素取值范围为 0~1.0），即 bottleneck 数组。
- ❑ style transform 模型
  - ▪ 输入（2 个）
    - ◆ 0 号 tensor，名称为 `content_image`、大小为 1 × 384 × 384 × 3 的 RGB 图像 `FLOAT32` 数组（元素取值范围为 0~1.0）。
    - ◆ 1 号 tensor，名称为 `mobilenet_conv/Conv/BiasAdd`，大小为 1 × 1 × 1 × 100 的 `FLOAT32` 数组（元素取值范围 0~1.0）。
  - ▪ 输出：168 号 tensor，名称为 `transformer/expand/conv3/conv/Sigmoid`、大小任意 的 `FLOAT32` 数组，即输出可以随意指定大小的图像。

18.1.2 bottleneck 数组

bottleneck 是一个大小为 100 的 `float` 数组，是 style predict 模型的输出和 style transform 模型的输入。我并没有研读相关的论文，从名称的角度我们猜测，基于 style predict 模型和风格图片生成的 bottleneck 数组可以在 style transform 模型中作用于被处理图片，"过滤" 被处理图片的像素，最终生成与风格图片相似风格的图片。

18.2 Arbitrary Style Transfer 模型部署

根据上节介绍的模型属性和特点，我们尝试对两个模型分别进行普通部署和代理部署，并对运行结果和性能进行简单展示。

18.2.1 gradle 设置

相对第 7 章，我们在 build.gralde 中新增了 TensorFlow Lite GPU 和 TensorFlow Lite Android Support Library 两个配置：

```
implementation 'org.tensorflow:tensorflow-lite-gpu:2.0.0'
implementation 'org.tensorflow:tensorflow-lite-support:0.0.0-nightly'
```

18.2.2 style predict 模型部署

下面对 style predict 模型进行部署，style predict 模型的输出将会作为 transform 模型的输入。

1. 预备工作

下载 style predict 模型和 style transform 模型，把它们放到 assets 目录中，并在 app/build.gradle 设置 tflite 后缀文件不压缩，代码如下：

```
aaptOptions {
    noCompress "tflite"
}
```

2. 普通部署

通过 FileChannel 加载 assets 中的模型，与前面章节没有太多的不同，代码如下：

```
private MappedByteBuffer loadModelFile(Activity activity,
                                       String modePath) throws IOException {
    AssetFileDescriptor fileDescriptor = activity.getAssets().openFd(modePath);
    FileInputStream inputStream = new FileInputStream(fileDescriptor.getFileDescriptor());
    FileChannel fileChannel = inputStream.getChannel();
    long startOffset = fileDescriptor.getStartOffset();
    long declaredLength = fileDescriptor.getDeclaredLength();
    return fileChannel.map(FileChannel.MapMode.READ_ONLY, startOffset, declaredLength);
}
```

Interpreter.Options 可以更灵活地设置 Interpreter 初始化所需的参数，代码如下：

```
private final static String PREDICT_MODEL = "style_predict.tflite";
Interpreter.Options predictOptions = new Interpreter.Options();
Interpreter predictInterpreter = new Interpreter(
        loadModelFile(MainActivity.this, PREDICT_MODEL), predictOptions);
```

3. 代理部署

TensorFlow Lite 提供了两种代理方式，分别是 GpuDelegate 和 NnApiDelegate，首先我们需要引入它们：

```
import org.tensorflow.lite.gpu.GpuDelegate;
import org.tensorflow.lite.nnapi.NnApiDelegate;
```

然后分别实例化 GpuDelegate 和 NnApiDelegate，通过 addDelegate() 把 GpuDelegate 和 NnApiDelegate 的实例添加到 Interpreter.Options 的实例中，最后把 Interpreter.Options 的实例添加到 Interpreter 的实例中，代码如下：

```
Interpreter.Options predictOptions = new Interpreter.Options();
switch (mDelegateMode) {
    case USING_CPU:
        break;
    case USING_GPU:
        predictOptions.addDelegate(new GpuDelegate());
        break;
    case USING_NNAPI:
        predictOptions.addDelegate(new NnApiDelegate());
        break;
}
Interpreter predictInterpreter = new Interpreter(
        loadModelFile(MainActivity.this, PREDICT_MODEL), predictOptions);
```

我们使用的 RadioGroup 包含 3 个 RadioButton，分别是 CPU、GPU 和 NNAPI，它们用于控制是否使用代理和使用哪种代理，如图 18-1 所示。

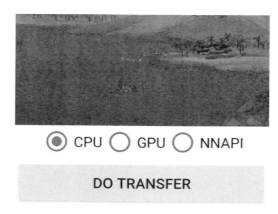

图 18-1　三种模型运行方式

4. 输入处理

本章开头我们有提到 TensorFlow Lite Android Support Library，现在就用它来处理 style predict 模型的输入。

在第 7 章，我们是手动把图片转化为 ByteBuffer 的，因为 Interpreter.run() 函数的输入是 ByteBuffer（也可以是 float 数组，但是运行性能会有损失），主要依赖的是如下函数：

```java
public void addImgValue(ByteBuffer imgData, int val) {
    imgData.putFloat(((val & 0xFF) - getImageMean()) / getImageSTD());
}
```

其中，getImageMean() 和 getImageSTD() 分别是 0.0f 和 255.0f，目的是把 RGB 图像中的像素值归一化为 0~1.0 的 float 类型，再放到 ByteBuffer 中。

如果使用 TensorFlow Lite Android Support Library，就不依赖上面的函数了，使用起来会非常方便，不需要手动处理图片数据的转换，代码如下：

```java
private TensorImage getInputTensorImage(Interpreter tflite, Bitmap inputBitmap) {
    DataType imageDataType = tflite.getInputTensor(/* imageTensorIndex */0).dataType();
    TensorImage inputTensorImage = new TensorImage(imageDataType);
    inputTensorImage.load(inputBitmap);

    ImageProcessor imageProcessor =
            new ImageProcessor.Builder()
                .add(new NormalizeOp(IMAGE_MEAN, IMAGE_STD))
                .build();

    return imageProcessor.process(inputTensorImage);
}
```

现在对上面的函数进行一个说明。

❑ 通过 Interpreter 的实例 tflite 获取输入 Tensor 的 DataType，包含两种类型，FLOAT32 或 UINT8，这里返回的应该是 FLOAT32。

❑ 根据返回的 DataType 创建 TensorImage 的实例 inputTensorImage，并加载输入图像 inputBitmap。

❑ 创建 ImageProcessor 并设置 NormalizeOp 的参数为 IMAGE_MEAN（为 0.0f）和 IMAGE_STD（即 255.0f），获得实例 imageProcessor。

❑ 使用实例 imageProcessor 处理 inputTensorImage，并将新获得的 TensorImage 实例返回。

5. 输出处理

在第 7 章，我们直接使用了 float 数组作为输出，因为输出比较简单。

现在输出的 bottleneck 数组要比 MNIST 模型的输出复杂很多，直接使用 ByteBuffer 作为输出可提高运算性能，这里我们使用 TensorFlow Lite Android Support Library 提供的 TensorBuffer，相关代码如下：

```
Tensor outputTensor = tflite.getOutputTensor(/* outputTensorIndex */ 0);
TensorBuffer outputTensorBuffer
    = TensorBuffer.createFixedSize(outputTensor.shape(), outputTensor.dataType());
```

在上面的代码中，先通过 Interpreter 的实例 tflite 获取输出 Tensor 的实例 outputTensor，然后使用 outputTensor 的 shape() 方法和 dataType() 方法创建相应的 TensorBuffer 实例 outputTensorBuffer。

6. 运行

将上面的输入和输出放到函数 Interpreter.run() 中，就可以运行 style predict 模型了，对应代码如下：

```
tflite.run(inputTensorImage.getBuffer(), outputTensorBuffer.getBuffer());
```

其中，outputTensorBuffer.getBuffer() 就是我们获取的 bottleneck 对应的 ByteBuffer 实例，可以通过 ByteBuffer 的 getFloatArray() 函数获取 bottleneck 的具体值，它是一个大小为 100 的 float 数组。由于我们还需要把 bottleneck 的 ByteBuffer 实例传递给 style transform 模型，所以此处不再进行转换，感兴趣的朋友可以自己尝试下。

18.2.3 transform 模型部署

下面对 transform 模型进行部署，以 style predict 模型的输出作为 style transform 模型的输入，运行后输出的结果就是转换后图像的相关数值。

1. 普通部署

普通部署的代码与 style predict 模型部署的代码类似，具体如下：

```
private final static String TRANSFORM_MODE = "style_transform.tflite";

Interpreter.Options transformOptions = new Interpreter.Options();
transformInterpreter = new Interpreter(
        loadModelFile(MainActivity.this, TRANSFORM_MODE), transformOptions);
```

2. 代理部署

如果我们尝试对 style transform 模型使用代理，会有如下报错：

```
FATAL EXCEPTION: main
Process: com.dpthinker.astyletransfer, PID: 3753
java.lang.IllegalArgumentException: Internal error: Failed to apply delegate: Attempting to use
```

```
a delegate that only supports static-sized tensors with a graph that has dynamic-sized tensors.
    at org.tensorflow.lite.NativeInterpreterWrapper.applyDelegate(Native Method)
    at org.tensorflow.lite.NativeInterpreterWrapper.init(NativeInterpreterWrapper.java:85)
    ...
    at com.dpthinker.astyletransfer.MainActivity$4.onClick(MainActivity.java:168)
    ...
    at com.android.internal.os.RuntimeInit$MethodAndArgsCaller.run(RuntimeInit.java:492)
    at com.android.internal.os.ZygoteInit.main(ZygoteInit.java:930)
```

这是因为代理只支持固定输入输出的模型，style transform 模型的输出是可以随意指定的，所以不能对其启用代理。

3. 输入处理

与 style predict 模型不同的是，style transform 模型的输出有两个，当我们使用 Interpreter 的另一个运行函数 runForMultipleInputsOutputs() 时，输入参数也会有相应的变化：

```
TensorImage inputTensorImage = getInputTensorImage(tflite, contentImage);

Object[] inputs = new Object[2];
inputs[0] = inputTensorImage.getBuffer();
inputs[1] = bottleneck;
```

对上面的代码的解释如下。

❑ 获取待处理图片 contentImage，获得 inputTensorImage。
❑ 创建 Object 数组 inputs，大小为 2，其中元素 0 为 inputTensorImage.getBuffer()，即 contentImage 对应的 ByteBuffer 实例；元素 1 为 bottleneck，即 style predict 模型的输出 ByteBuffer 实例。inputs 为 runForMultipleInputsOutputs() 的输入。

4. 输出处理

style transform 模型的输入是固定大小的，但是输出没有指定大小，所以可以随意设置。为了简便，我们设置其大小与输入的待处理图片一样，即 384 × 384，代码如下：

```
private final static int CONTENT_IMG_SIZE = 384;
private final static int DIM_BATCH_SIZE = 1;
private final static int DIM_PIXEL_SIZE = 3;

int[] outputShape =
        new int[] {DIM_BATCH_SIZE, CONTENT_IMG_SIZE, CONTENT_IMG_SIZE, DIM_PIXEL_SIZE};
DataType outputDataType = tflite.getOutputTensor(/* outputTensorIndex */ 0).dataType();
TensorBuffer outputTensorBuffer =
        TensorBuffer.createFixedSize(outputShape, outputDataType);
Map<Integer, Object> outputs = new HashMap<>();
outputs.put(0, outputTensorBuffer.getBuffer());
```

在上面的代码中，首先根据输入图片大小和输出的 DataType 创建 TensorBuffer 实例 outputTensorBuffer，然后新建一个 Map 实例 outputs，将 outputTensorBuffer 传入 outputs，

outputs 即 runForMultipleInputsOutputs() 的输出。

5. 运行

将上面的输入和输出放到函数 Interpreter.runForMultipleInputsOutputs() 中，就可以运行 style transform 模型了：

```
tflite.runForMultipleInputsOutputs(inputs, outputs);
```

运行后，获取 outputs 中对应的 TensorBuffer 实例，其中就包含了转换风格后的图片信息。

6. 获得图像

TensorFlow Lite Android Support Library 目前还处于实验阶段，暂时没有将 float 类型的 ByteBuffer 转换为 Bitmap 的能力，所以最后一步从数组转到图像就需要手动处理像素了，代码如下：

```
float[] output = outputTensorBuffer.getFloatArray();

Bitmap result = Bitmap.createBitmap(
        CONTENT_IMG_SIZE, CONTENT_IMG_SIZE, Bitmap.Config.ARGB_8888);
int[] pixels = new int[CONTENT_IMG_SIZE * CONTENT_IMG_SIZE];
int a = 0xFF << 24;
for (int i = 0, j = 0; j < output.length; i++) {
    int r = (int)(output[j++] * 255.0f);
    int g = (int)(output[j++] * 255.0f);
    int b = (int)(output[j++] * 255.0f);
    pixels[i] = (a | (r << 16) | (g << 8) | b);
}
result.setPixels(pixels, 0, CONTENT_IMG_SIZE, 0, 0, CONTENT_IMG_SIZE, CONTENT_IMG_SIZE);
```

对上面的代码说明如下。

❑ 在获得的 TensorBuffer 实例 outputTensorBuffer 中获取 float 数组 outputs。
❑ 创建大小为 384 × 384 的空白图像 result。
❑ 按照 RGB 的次序，将 outputs 中的每个元素放大至 255 倍，并转化为 int 类型，同时按位偏移组合成像素点 pixels 的元素。
❑ 将 pixels 设置到 result 中。

最终，获得处理后的 Bitmap 实例 result。

18.2.4　效果

我们依然使用第 11 章中的两张图片进行测试，如图 18-2 所示。

图 18-2　输入待转化图片与风格图片

转化后的效果如图 18-3 ~ 图 18-5 所示。

图 18-3　转化效果图 1　　　　图 18-4　转化效果图 2　　　　图 18-5　转化效果图 3

以上 3 个图依次是 CPU 没有使用代理、使用 GPU 代理和使用 NNAPI 代理 3 种场景。与 GPU 代理相关的 CPU 要优化 1 毫秒左右，因为进行图片和模型导入对应用的内存影响很大，所以测试结果是浮动变化的。一般情况下，手机厂商会对 NNAPI 代理进行适配，读者可以在自己的手机上试一下。

18.3 总结

本章我们简单介绍了如何在安卓应用上进行 Arbitrary Style Transfer 模型部署，主要包含了如下内容。

❑ TensorFlow Lite Android Support Library 库对输入数据、输出数据的处理方法。
❑ 单输入输出和多输入输出模型的部署方法。
❑ 代理的使用方法和效果。

经过本章的学习，读者应该可以掌握 TensorFlow Lite 模型部署的主要方法。由于 TensorFlow Lite 本身还在不断演进，所以还需要关注它的发展变化。不过从整体来看，TensorFlow Lite 的使用越来越简单，功能越来越强大。

附录 A

强化学习简介

在本章，我们将对 3.5 节中涉及的强化学习算法进行入门介绍。我们熟知的有监督学习是在带标签的已知训练数据上进行学习，得到一个从数据特征到标签的映射（预测模型），进而预测新的数据实例所具有的标签。而强化学习中则出现了两个新的概念，"智能体"和"环境"。在强化学习中，智能体通过与环境的交互来学习策略，从而最大化自己在环境中所获得的奖励。例如，在下棋的过程中，你（智能体）可以通过与棋盘及对手（环境）进行交互来学习下棋的策略，从而最大化自己在下棋过程中获得的奖励（赢棋的次数）。

如果说有监督学习关注的是"预测"，是与统计理论关联密切的学习类型的话，那么强化学习关注的就是"决策"，与计算机算法（尤其是动态规划和搜索）有着较强的关联。我认为强化学习的原理相较于有监督学习而言具有更高的入门门槛，尤其是给习惯于确定性算法的程序员突然呈现一堆抽象概念的数值迭代关系，他们在大多数时候只能是囫囵吞枣。于是我希望通过一些较为具体的算例，以尽可能朴素的表达，为具有一定算法基础的读者说明强化学习的基本思想。

A.1　从动态规划说起

如果你曾经参加过 NOIP 或 ACM 之类的算法竞赛，或者为互联网公司的机考做过准备（如 LeetCode），想必对动态规划（dynamic programming，DP）不会太陌生。动态规划的基本思想是将待求解的问题分解成若干个结构相同的子问题，并保存已解决的子问题的答案，在需要的时候直接利用[①]。使用动态规划求解的问题需要满足以下两个性质。

- ❏ 最优子结构：一个最优策略的子策略也是最优的。
- ❏ 无后效性：过去的步骤只能通过当前的状态影响未来的发展，当前状态是历史的总结。

下面我们回顾一下动态规划的经典入门题目"数字三角形"。

[①] 所以有时动态规划又称为"记忆化搜索"，或者说记忆化搜索是动态规划的一种具体实现形式。

▶ **数字三角形问题**

给定一个形如图 A-1 的 $N+1$ 层数字三角形，三角形的每个坐标下的数字为 $r(i, j)$。智能体在三角形的顶端，每次可以选择向下（↓）或者向右（↘）到达三角形的下一层。请输出一个动作序列，使得智能体经过的路径上的数字之和最大。

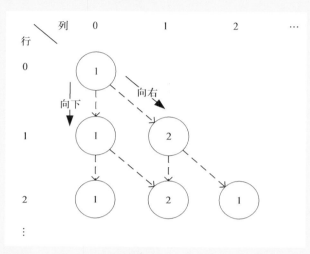

图 A-1　数字三角形示例

此示例中最优动作序列为"向右－向下"，最优路径为"$(0,0)-(1,1)-(2,1)$"，最大数字和为 $r(0,0)+r(1,1)+r(2,1)=5$。

我们先不考虑如何寻找最优动作序列的问题，假设已知智能体在坐标 (i, j) 处会选择的动作为 $\pi(i, j)$（例如 $\pi(0, 0) = \searrow$ 代表智能体在 $(0, 0)$ 处会选择向右的动作），我们单纯计算智能体经过路径的数字之和。从下而上地考虑问题，设 $f(i, j)$ 为智能体在坐标 (i, j) 处的"现在及未来将会获得的数字之和"，则可以递推出以下等式：

$$f(i, j) = \begin{cases} f(i+1, j) + r(i, j), & \pi(i, j) = \downarrow \\ f(i+1, j+1) + r(i, j), & \pi(i, j) = \searrow \end{cases} \tag{A-1}$$

上式的另一个等价写法如下：

$$f(i, j) = [p_1 f(i+1, j) + p_2 f(i+1, j+1)] + r(i, j) \tag{A-2}$$

其中 $(p_1, p_2) = \begin{cases} (1, 0), & \pi(i, j) = \downarrow \\ (0, 1), & \pi(i, j) = \searrow \end{cases}$。

有了上面的铺垫之后，我们要解决的问题就变为了：通过调整智能体在坐标 (i, j) 处选择的动作 $\pi(i, j)$ 的组合，使得 $f(0, 0)$ 的值最大。为了解决这个问题，最粗暴的方法是遍历所有 $\pi(i, j)$ 的组合，例如在图 A-1 中，我们需要决策 $\pi(0, 0)$、$\pi(1, 0)$、$\pi(1, 1)$ 的值，一共有 $2^3 = 8$ 种组合，我们只需要将 8 种组合逐个代入并计算 $f(0, 0)$，输出最大值及其对应的组合即可。

显然这样做效率太低了。于是我们考虑直接计算式 A-2 关于所有动作 π 组合的最大值 $\max_\pi f(i, j)$。在式 A-2 中，$r(i, j)$ 与任何动作 π 都无关，所以我们只需考虑表达式 $p_1 f(i+1, j) + p_2 f(i+1, j+1)$ 的最大值。于是，我们分别计算 $\pi(i, j) = \downarrow$ 和 $\pi(i, j) = \searrow$ 时该表达式关于任何动作 π 的最大值，并取两个最大值中的较大者即可，过程如下所示：

$$
\begin{aligned}
\max_\pi f(i, j) &= \max_\pi [p_1 f(i+1, j) + p_2 f(i+1, j+1)] + r(i, j) \\
&= \max \{\underbrace{\max_\pi [1 f(i+1, j) + 0 f(i+1, j+1)]}_{\pi(i, j) = \downarrow}, \underbrace{\max_\pi [0 f(i+1, j) + 1 f(i+1, j+1)]}_{\pi(i, j) = \searrow}\} + r(i, j) \\
&= \max [\underbrace{\max_\pi f(i+1, j)}_{\pi(i, j) = \downarrow}, \underbrace{\max_\pi f(i+1, j+1)}_{\pi(i, j) = \searrow}] + r(i, j)
\end{aligned}
$$

令 $g(i, j) = \max_\pi f(i, j)$，上式可写为 $g(i, j) = \max [g(i+1, j) + g(i+1, j+1)] + r(i, j)$，这就是动态规划中常见的"状态转移方程"。通过状态转移方程和边界值 $g(N, j) = r(N, j)$，$j = 0, \cdots, N$，我们可以自下而上高效地迭代计算出 $g(0, 0) = \max_\pi f(0, 0)$。

如图 A-2 所示，通过对 $g(i, j)$ 的值进行三轮迭代来计算 $g(0, 0)$。在每一轮迭代中，对于坐标 (i, j)，分别取当 $\pi(i, j) = \downarrow$ 和 $\pi(i, j) = \searrow$ 时的"未来将会获得的数字之和的最大值"（即 $g(i+1, j)$ 和 $g(i+1, j+1)$），取两者中的较大者，并加上当前坐标的数字 $r(i, j)$。

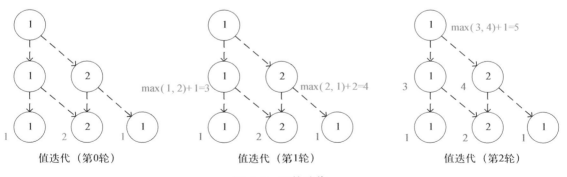

图 A-2　三轮迭代

A.2 加入随机性和概率的动态规划

在实际生活中，我们做出的决策往往并非完全确定地指向某个结果，而是可能受到环境因素的影响。例如选择磨练棋艺固然能让一个人赢棋的概率变高，但也并非指向百战百胜。正所谓"既要靠个人的奋斗，也要考虑到历史的行程"。对应我们在 A.1 节中讨论的数字三角形问题，我们考虑以下变式。

> ▶ **数字三角形问题（变式 1）**
>
> 智能体初始在三角形的顶端，每次可以选择向下（↓）或者向右（↘）的动作。不过环境会对处于任意坐标 (i, j) 的智能体的动作产生"干扰"，导致以下的结果。
>
> ❑ 如果选择向下（↓），则该智能体最终到达正下方坐标 $(i+1, j)$ 的概率为 $\dfrac{3}{4}$，到达右下方坐标 $(i+1, j+1)$ 的概率为 $\dfrac{1}{4}$。
>
> ❑ 如果选择向右（↘），则该智能体最终到达正下方坐标 $(i+1, j)$ 的概率为 $\dfrac{1}{4}$，到达右下方坐标 $(i+1, j+1)$ 的概率为 $\dfrac{3}{4}$。
>
> 请给出智能体在每个坐标处应该选择的动作 $\pi(i, j)$，使得智能体经过的路径上的数字之和的期望（expectation）[①] 最大。

此时，如果你想直接写出问题的状态转移方程，恐怕就不那么容易了。（动作选择和转移结果不是一一对应的！）但如果类比式 A-2 描述问题的框架，我们会发现问题容易了一些。在这个问题中，我们沿用符号 $f(i, j)$ 来表示智能体在坐标 (i, j) 处的"现在及未来将会获得的数字之和的期望"，则有"当前 (i, j) 坐标的期望 ＝ '选择动作 $\pi(i, j)$ 后可获得的数字之和'的期望 + 当前坐标的数字"，如：

$$f(i, j) = [p_1 f(i+1, j) + p_2 f(i+1, j+1)] + r(i, j) \tag{A-3}$$

其中

$$(p_1, p_2) = \begin{cases} \left(\dfrac{3}{4}, \dfrac{1}{4}\right), \pi(i, j) = \downarrow \\[2ex] \left(\dfrac{1}{4}, \dfrac{3}{4}\right), \pi(i, j) = \searrow \end{cases}$$

---

① 期望是试验中每次可能结果的概率乘以其结果的总和，反映了随机变量平均取值的大小。例如，你在一次投资中有 $\dfrac{1}{4}$ 的概率赚 100 元，有 $\dfrac{3}{4}$ 的概率赚 200 元，则你本次投资赚取金额的期望为 $\dfrac{1}{4} \times 100 + \dfrac{3}{4} \times 200 = 175$ 元。也就是说，如果你重复这项投资多次，那么所获收益的平均值趋近于 175 元。

类比 A.1 节的推导过程，令 $g(i,j) = \max_\pi f(i,j)$，我们可以得到：

$$g(i,j) = \max \underbrace{[\frac{3}{4}g(i+1,j) + \frac{1}{4}g(i+1,j+1)}_{\pi(i,j)=\downarrow}, \underbrace{\frac{1}{4}g(i+1,j) + \frac{3}{4}g(i+1,j+1)]}_{\pi(i,j)=\searrow} + r(i,j) \quad\quad (A\text{-}4)$$

然后我们即可使用这一递推式由下到上计算 $g(i,j)$。

如图 A-3 所示，通过对 $g(i,j)$ 的值进行三轮迭代计算 $g(0,0)$。在每一轮迭代中，对于坐标 (i,j)，分别计算当 $\pi(i,j) = \downarrow$ 和 $\pi(i,j) = \searrow$ 时的"未来将会获得的数字之和的期望的最大值"（即 $\frac{3}{4}g(i+1,j) + \frac{1}{4}g(i+1,j+1)$ 和 $\frac{1}{4}g(i+1,j) + \frac{3}{4}g(i+1,j+1)$），取两者中的较大者，并加上当前坐标的数字 $r(i,j)$。

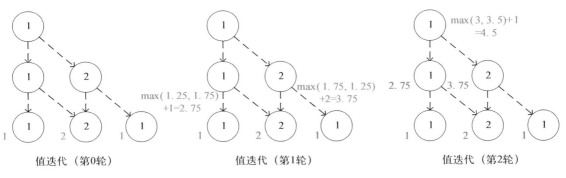

图 A-3 值迭代框架

我们也可以从智能体在坐标 (i,j) 处所做的动作 $\pi(i,j)$ 出发来观察式 A-4。在每一轮迭代中，先分别计算两种动作带来的未来收益期望（策略评估），然后取收益较大的动作作为 $\pi(i,j)$ 的取值（策略改进），最后根据动作更新 $g(i,j)$。

如图 A-4 所示，通过对 $\pi(i,j)$ 的值进行迭代来计算 $g(0,0)$。在每一轮迭代中，对于坐标 (i,j)，分别计算当 $\pi(i,j) = \downarrow$ 和 $\pi(i,j) = \searrow$ 时的"未来将会获得的数字之和的期望"（策略评估），取较大者对应的动作作为 $\pi(i,j)$ 的取值（策略改进）。然后根据本轮迭代确定的 $\pi(i,j)$ 的值更新 $g(i,j)$。

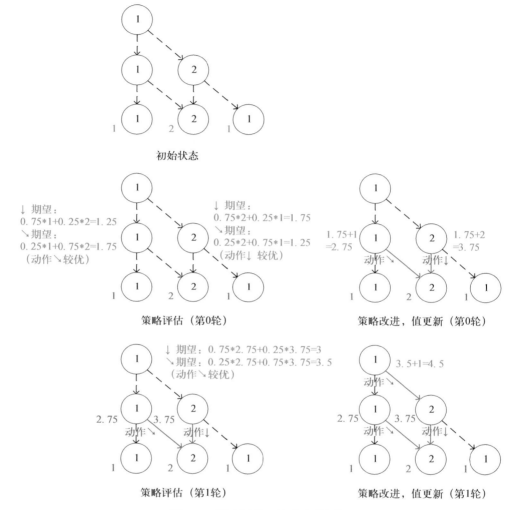

图 A-4 策略评估 – 策略改进框架

我们可以以将算法流程概括如下。

❑ 初始化环境。

❑ 从第 $N-1$ 层到第 0 层，对数字三角形的第 i 层依次进行以下操作。

- 策略评估：计算第 i 层中每个坐标 (i,j) 选择 $\pi(i,j)=\downarrow$ 和 $\pi(i,j)=\searrow$ 的未来期望 q_1 和 q_2。
- 策略改进：对第 i 层中的每个坐标 (i,j)，取未来期望较大的动作作为 $\pi(i,j)$ 的取值。
- 值更新：根据本轮迭代确定的 $\pi(i,j)$ 的值更新 $g(i,j)=\max(q_1,q_2)+r(i,j)$。

A.3　环境信息无法直接获得的情况

让我们更现实一点：在很多现实情况中，我们甚至连环境影响所涉及的具体概率都不知道，只能通过在环境中不断试验去探索总结。例如，当学习了一种新的围棋定式后，我们无法直接获得胜率提升的概率，只有与对手使用新定式实战多盘才能知道这个定式是好是坏。对应于数字三角形问题，我们再考虑以下变式。

▶ **数字三角形问题（变式 2）**

智能体初始在三角形的顶端，每次可以选择向下（↓）或者向右（↘）的动作。环境会对处于任意坐标 (i, j) 的智能体的动作产生"干扰"，而且这个干扰的具体概率（即 A.2 节中的 p_1 和 p_2）未知。不过，允许在数字三角形的环境中进行多次试验。当智能体在坐标 (i, j) 时，可以向数字三角形环境发送动作指令 ↓ 或 ↘，数字三角形环境将返回智能体最终所在的坐标（正下方 $(i+1, j)$ 或右下方 $(i+1, j+1)$）。请设计试验方案和流程，确定智能体在每个坐标处应该选择的动作 $\pi(i, j)$，使得智能体经过的路径上的数字之和的期望最大。

我们可以通过大量试验来估计动作为 ↓ 或 ↘ 的概率 p_1 和 p_2，不过这在很多现实问题中是困难的。事实上，我们有另一套方法，使得我们不必显式估计环境中的概率参数，也能得到最优的动作策略。

回到 A.2 节的"策略评估 – 策略改进"框架，我们现在遇到的最大困难是无法在"策略评估"中通过前一阶段的 $g(i+1, j)$、$g(i+1, j+1)$ 和概率参数 p_1、p_2 直接计算出每个动作的未来期望 $p_1 g(i+1, j) + p_2 g(i+1, j+1)$（因为概率参数未知）。不过，期望的妙处在于：就算无法直接计算期望，我们也可以通过大量试验估计出期望。如果我们用 $q(i, j, a)$ 表示智能体在坐标 (i, j) 选择动作 a 时的未来期望[①]，那么我们可以观察智能体在 (i, j) 处选择动作 a 后的 K 次试验结果，取这 K 次结果的平均值作为估计值。例如，当智能体在坐标 $(0, 1)$ 并选择动作 ↓ 时，我们进行 20 次试验，发现 15 次的结果为 1，5 次的结果为 2，我们可以估计 $q(0,1,↓) \approx \dfrac{15}{20} \times 1 + \dfrac{5}{20} \times 2 = 1.25$。

于是，我们只需将 A.2 节"策略评估"中的未来期望计算，更换为使用试验估计 $a = ↓$ 和 $a = ↘$ 时的未来期望 $q(i, j, a)$，即可在环境概率参数未知的情况下进行"策略评估"步骤。值得一提的是，由于我们不需要显式计算期望 $p_1 g(i+1, j) + p_2 g(i+1, j+1)$，所以我们也无须关心 $g(i, j)$ 的值，A.2 节中值更新的步骤也随之省略（事实上，这里 $q(i, j, a)$ 已经取代了 A.2 节 $g(i, j)$ 的地位）。

---

① 在 A.2 节中，$q(i,j,a) = \begin{cases} \dfrac{3}{4} f(i+1, j) + \dfrac{1}{4} f(i+1, j+1), a = ↓ \\ \dfrac{1}{4} f(i+1, j) + \dfrac{3}{4} f(i+1, j+1), a = ↘ \end{cases}$。

　　还有一点值得注意，由于试验是一个从上而下的步骤，需要算法为整个路径提供动作，那么那些尚未确定动作的坐标应该如何是好呢？我们可以对这些坐标使用"随机动作"，即 50% 的概率选择 ↓，50% 的概率选择 ↘，以在试验过程中对两种动作进行充分"探索"，如图 A-5 所示。

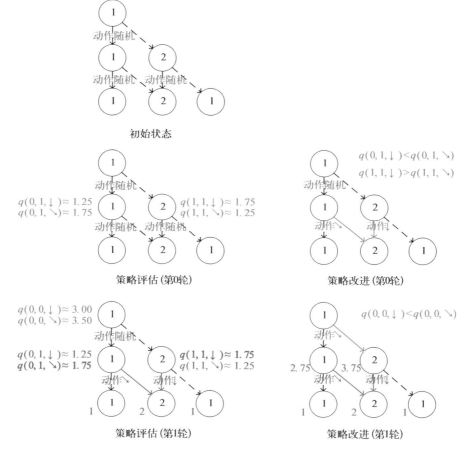

图 A-5　将 A.2 节"策略评估"中的未来期望计算，更换为使用试验估计 $a = \downarrow$ 和 $a = \searrow$ 时的未来期望 $q(i, j, a)$

　　我们可以将算法流程概括如下。

☐ 初始化 q 值。

☐ 从第 $N - 1$ 层到第 0 层，对数字三角形的第 i 层依次进行以下操作。

　　▪ 策略评估：试验估计第 i 层中每个坐标 (i, j) 选择 $a = \downarrow$ 和 $a = \searrow$ 的未来期望 $q(i, j, \downarrow)$ 和 $q(i, j, \searrow)$。

　　▪ 策略改进：对于第 i 层中的每个坐标 (i, j)，取未来期望较大的动作作为 $\pi(i, j)$ 的取值。

A.4　从直接算法到迭代算法

到目前为止，我们都非常严格地遵循了动态规划中"划分阶段"的思想，即按照问题的时间特征将问题分成若干阶段并依次求解。对应到数字三角形问题中，就是从下到上逐层计算和更新未来期望（或 q 值），在每一轮迭代中更新本层的未来期望（或 q 值）。我们很确定，经过 N 次策略评估和策略改进，算法将停止，可以获得精确的最大数字和最优动作。我们将这种算法称为"直接算法"，这也是各种算法竞赛中常见的算法类型。

不过在实际场景中，算法的计算时间往往是有限的，因此我们可能需要算法具有较好的"渐进特性"，即并不要求算法输出精确的理论最优解，能够输出近似的较优解，且解的质量随着迭代次数的增加而提升即可。我们往往称这种算法为"迭代算法"，对于数字三角形问题，我们考虑以下变式。

▶ **数字三角形问题（变式 3）**

智能体初始在三角形的顶端，每次可以选择向下（↓）或者向右（↘）的动作。环境会对处于任意坐标 (i, j) 的智能体的动作产生"干扰"，而且这个干扰的具体概率未知。允许在数字三角形的环境中进行 K 次试验（K 可能很小也可能很大）。请设计试验方案和流程，确定智能体在每个坐标处应该选择的动作 $\pi(i, j)$，使得智能体经过的路径上的数字之和的期望尽可能大。

为了解决这个问题，我们不妨从更高的层次来审视我们目前的算法做了什么。其实算法的主体是交替进行"策略评估"和"策略改进"两个步骤。

- ❑ "策略评估"根据智能体在坐标 (i, j) 处的动作 $\pi(i, j)$，评估在这套动作组合下，智能体在坐标 (i, j) 选择动作 a 的未来期望 $q(i, j, a)$。
- ❑ "策略改进"根据上一步计算出的 $q(i, j, a)$，选择未来期望最大的动作来更新动作 $\pi(i, j)$。

事实上，这一"策略评估"和"策略改进"的交替步骤并不一定需要按照层的顺序自下而上进行。我们只要确保算法在根据有限的试验结果"尽量"反复进行策略评估和策略改进后，能够使输出的结果"渐进"地变好。于是，我们考虑以下算法流程。

- ❑ 初始化 $q(i, j, a)$ 和 $\pi(i, j)$。
- ❑ 重复执行以下操作，直到所有坐标的 q 值都不再变化，或总试验次数大于 K。
  - ▪ 固定智能体动作 $\pi(i, j)$ 的取值，进行 k 次试验（试验时加入一些随机扰动，使其"探索"更多动作组合，A.3 节也有类似操作）。
  - ▪ 策略评估：根据当前 k 次试验的结果，调整智能体的未来期望 $q(i, j, a)$ 的取值，使得 $q(i, j, a)$ 的取值"尽量"能够真实反映智能体在当前动作 $\pi(i, j)$ 下的未来期望（前面

是精确调整 ① 至等于未来期望)。

- 策略改进：根据当前 $q(i, j, a)$ 的值，选择未来期望较大的动作作为 $\pi(i, j)$ 的取值。

为了理解这个算法，我们不妨考虑一种极端情况：假设每轮迭代的试验次数 k 的值足够大，则策略评估步骤中可以将 $q(i, j, a)$ 精确调整为完全等于智能体在当前动作 $\pi(i, j)$ 下的未来期望，事实上就变成了 A.3 节算法的"粗放版"。(A.3 节的算法每次只更新一层的 $q(i, j, a)$ 值为精确的未来期望，这里每次都更新所有的 $q(i, j, a)$ 值。在结果上没有差别，只是多了一些冗余计算。)

上面的算法只是一个大致的框架介绍。为了具体实现算法，我们接下来需要讨论两个问题：一是如何根据 k 次试验的结果更新智能体的未来期望 $q(i, j, a)$，二是如何在试验时加入随机的探索机制。

A.4.1　q 值的渐进性更新

当每轮迭代的试验次数 k 足够大、覆盖的情形足够广，以至于每个坐标 (i, j) 和动作 a 的组合都有足够多的数据的时候，q 值的更新很简单：根据试验结果为每个 (i, j, a) 重新计算一个新的 $\overline{q}(i, j, a)$，并替换原有数值即可。

可是现在，我们一共只有较少的 k 次试验结果（例如 5 次或 10 次）。尽管这 k 次试验是基于当前最新的动作方案 $\pi(i, j)$ 来实施的，可一是次数太少统计效应不明显，二是原来的 q 值也不见得那么不靠谱（毕竟每次迭代并不见得会把 $\pi(i, j)$ 更改太多）。于是，相比于根据试验结果直接计算一个新的 q 值 $\overline{q}(i, j, a) = \dfrac{q_1 + \cdots + q_n}{n}$ 并覆盖原有值 ②：

$$q_{\text{new}}(i, j, a) \leftarrow \underbrace{\overline{q}(i, j, a)}_{\text{target}}$$

(A-5)

一个更聪明的方法是"渐进"地更新 q 值。也就是说，我们把旧的 q 值向当前试验的结果 $\overline{q}(i, j, a)$ 稍微"牵引"一点，作为新的 q 值，从而让新的 q 值更贴近当前试验的结果 $\overline{q}(i, j, a)$，即：

$$q_{\text{new}}(i, j, a) \leftarrow q_{\text{old}}(i, j, a) + \alpha[\underbrace{\overline{q}(i, j, a)}_{\text{target}} - q_{\text{old}}(i, j, a)]$$

(A-6)

---

① 这里和下文中的"精确"都是相对于迭代算法的有限次试验而言的。只要是基于试验的方法，所获得的期望都是估计值。

② 我们在前面的直接算法里一直是这样做的。不过这里迭代第一步的试验时加入随机扰动的"探索策略"是不太对的。k 次试验结果受到了探索策略的影响，导致我们所评估的其实是随机扰动后的动作 $\pi(i, j)$，这使得我们根据试验结果统计出的 $\overline{q}(i, j, a)$ 存在偏差。为了解决这个问题，我们有两种方法。第一种方法是把随机扰动的"探索策略"加到第三步策略改进选择最大期望的过程中，第二种方法采用叫作"重要度采样"（importance sampling）的方法。由于我们真实采用的 q 值更新方法多是后面介绍的时间差分方法，所以这里省略关于重要度采样的介绍，有需要的读者可以参考 A.6 节列出的强化学习相关文献进行了解。

其中参数 α 控制牵引的"力度"（牵引力度为 1 时，就退化为了使用试验结果直接覆盖 q 值的式 A-5，不过我们一般会设一个小一点的数字，比如 0.1 或 0.01）。通过这种方式，我们既加入了新的试验所带来的信息，又保留了部分旧的知识，其实很多迭代算法都有类似的特点。

不过，只有当一次试验完全做完的时候才能获得 $\bar{q}(i,j,a)$ 的值。也就是说，只有走到了数字三角形的最底层，才能知道路径途中的每个坐标到路径最底端的数字之和（从而更新路径途中的所有坐标的 q 值）。这在有些场景中会造成效率低下，所以我们在实际更新时往往使用另一种方法，使得我们每走一步都可以更新一次 q 值。具体地说，假设某一次试验中我们在数字三角形的坐标 (i, j) 处，通过执行动作 $\alpha = \pi(i, j) + \epsilon$（ $+\epsilon$ 代表加上一些探索扰动）而跳到了坐标 (i', j')（即"走一步"，可能是 $(i+1, j)$，也可能是 $(i+1, j+1)$），然后又在坐标 (i', j') 处执行了动作 $a' = \pi(i', j') + \epsilon$。这时我们可以用 $r(i', j') + q(i', j', a')$ 来近似替代之前的 $\bar{q}(i, j, a)$，如式 A-7 所示：

$$q_{\text{new}}(i, j, a) \leftarrow q_{\text{old}}(i, j, a) + \alpha [\underbrace{r(i', j') + q(i', j', a')}_{\text{target}} - q_{\text{old}}(i, j, a)] \tag{A-7}$$

我们甚至可以不需要试验结果中的 a'，使用在坐标 (i', j') 时两个动作对应的 q 值的较大者 $\max[q(i', j', \downarrow), q(i', j', \searrow)]$ 来代替 $q(i', j', a')$，如式 A-8 所示：

$$q_{\text{new}}(i, j, a) \leftarrow q_{\text{old}}(i, j, a) + \alpha (\underbrace{r(i', j') + \max[q(i', j', \downarrow), q(i', j', \searrow)]}_{\text{target}} - q_{\text{old}}(i, j, a)) \tag{A-8}$$

A.4.2　探索策略

对于我们前面介绍的基于试验的算法而言，由于环境里的概率参数是未知的（类似于将环境看作黑盒），所以我们在试验时一般需要加入一些随机的"探索策略"，以保证试验的结果能覆盖比较多的情况。否则，由于智能体在每个坐标都具有固定的动作 $\pi(i, j)$，试验的结果会受到极大的限制，导致陷入局部最优的情况。考虑最极端的情况，倘若我们回到原版数字三角形问题（环境确定、已知且不受概率影响），当动作 $\pi(i, j)$ 也固定时，无论进行多少次试验，结果都是完全固定且唯一的，使得我们没有任何改进和优化的空间。

探索的策略有很多种，在此我们介绍一种较为简单的方法：设定一个概率 ϵ，以 ϵ 的概率随机生成动作（ $\downarrow$ 或 $\searrow$），以 $1-\epsilon$ 的概率选择动作 $\pi(i, j)$。我们可以看到，当 $\epsilon=1$ 时，相当于完全随机地选取动作。当 $\epsilon=0$ 时，则相当于没有加入任何随机因素，直接选择动作 $\pi(i, j)$。一般而言，在迭代初始的时候 ϵ 的取值较大，以扩大探索的范围。随着迭代次数的增加，$\pi(i, j)$ 的值逐渐变优，ϵ 的取值会逐渐减小。

A.5　大规模问题的求解

算法设计有两个永恒的指标：时间和空间。通过将直接算法改造为迭代算法，我们初步解决了算法在时间消耗上的问题。于是我们的下一个挑战就是空间消耗，这主要体现在 q 值的存储上。在前面的描述中，我们不断迭代更新 $q(i, j, a)$ 的值。这默认了我们在内存中建立了一个 $N \times N \times 2$ 的三维数组，可以记录并不断更新 q 值。然而，假如 N 很大，计算机的内存空间又很有限，我们该怎么办呢？

来思考一下，当我们具体实现 $q(i, j, a)$ 时，我们需要其能够实现的功能有二。

- q 值映射：给定坐标 (i, j) 和动作 a（↓ 或 ↘），可以输出一个 $q(i, j, a)$ 值。
- q 值更新：给定坐标 (i, j)、动作 a 和目标值 target，可以更新 q 值映射，使得更新后输出的 $q(i, j, a)$ 距离目标值 target 更近。

事实上，我们有不少近似方法，可以让我们在不使用太多内存的情况下实现一个满足以上两个功能的 $q(i, j, a)$。这里介绍一种最流行的方法，即使用深度神经网络近似实现 $q(i, j, a)$。

- q 值映射：将坐标 (i, j) 输入深度神经网络，网络输出在坐标 (i, j) 下的所有动作的 q 值（即 $q(i, j, ↓)$ 和 $q(i, j, ↘)$）。
- q 值更新：给定坐标 (i, j)、动作 a 和目标值 target，将坐标 (i, j) 输入深度神经网络，网络输出在坐标 (i, j) 下的所有动作的 q 值，取其中动作为 a 的 q 值为 $q(i, j, a)$，并定义损失函数 $\text{loss} = (\text{target} - q(i, j, a))^2$，使用优化器（例如梯度下降）对该损失函数进行一步优化。此处优化器的步长和上文中 "牵引参数" α 的作用类似。

对于数字三角形问题，图 A-6 中左图为使用三维数组实现 $q(i, j, a)$，右图为使用深度神经网络近似实现 $q(i, j, a)$。

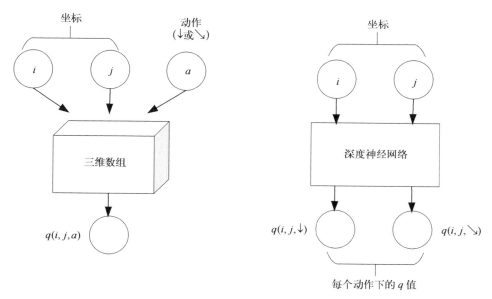

图 A-6　使用数组精确存储、更新 q 值和使用神经网络近似存储、更新 q 值

A.6　总结

尽管我们在前文中并未提及"强化学习"一词，但其实我们在对数字三角形问题各种变式的讨论中，已经涉及了很多强化学习的基本概念及算法，在此列举如下。

❑ 在 A.2 节中，我们讨论了基于模型的强化学习（model-based reinforcement learning），包括值迭代（value iteration）和策略迭代（policy iteration）两种方法。

❑ 在 A.3 节中，我们讨论了无模型的强化学习（model-free reinforcement learning）。

❑ 在 A.4 节中，我们讨论了蒙特卡罗方法（monte-carlo method）和时间差分法（temporial-difference method），以及 SARSA 和 Q-Learning 两种学习方法。

❑ 在 A.5 节中，我们讨论了使用 Q 网络（Q-Network）近似实现 Q 函数来进行深度强化学习（deep reinforcement learning）。

部分术语对应关系如下。

❑ 数字三角形的坐标 (i, j) 称为状态（state），用 s 表示。状态的集合用 S 表示。

❑ 智能体的两种动作 ↓ 和 ↘ 称为动作（action），用 a 表示。动作的集合用 A 表示。

❑ 数字三角形在每个坐标的数字 $r(i, j)$ 称为奖励（reward），用 $r(s)$（只与状态有关）或 $r(s, a)$（与状态和动作均有关）表示。奖励的集合用 R 表示。

❑ 数字三角形环境中的概率参数 p_1 和 p_2 称为状态转移概率（state transition probabilities），用一个三参数函数 $p(s, a, s')$ 表示，代表在状态 s 进行动作 a 到达状态 s' 的概率。

❑ 状态、动作、奖励、状态转移概率，外加一个时间折扣系数 $\gamma \in [0,1]$ 的五元组构成一个马尔可夫决策过程（markov decision process，MDP）。在数字三角形问题中，$\gamma = 1$。

❑ 在 A.2 节中，MDP 已知的强化学习称为基于模型的强化学习，A.3 节中 MDP 状态转移概率未知的强化学习称为无模型的强化学习。

❑ 智能体在每个坐标 (i, j) 处会选择的动作 $\pi(i, j)$ 称为策略（policy），用 $\pi(s)$ 表示。智能体的最优策略用 $\pi^*(s)$ 表示。

❑ 在 A.2 节中，当策略 $\pi(i, j)$ 一定时，智能体在坐标 (i, j) 处"现在及未来将会获得的数字之和的期望"$f(i, j)$ 称为状态 – 价值函数（state-value function），用 $V^{\pi}(s)$ 表示。智能体在坐标 (i, j) 处"未来将会获得的数字之和的期望的最大值"$g(i, j)$ 称为最优策略下的状态 – 价值函数，用 $V^*(s)$ 表示。

❑ 在 A.3 节中，当策略 $\pi(i, j)$ 一定时，智能体在坐标 (i, j) 处选择动作 a 时"现在及未来将会获得的数字之和的期望"$q(i, j, a)$ 称为动作 – 价值函数（action-value function），用 $Q^{\pi}(s, a)$ 表示。最优策略下的状态 – 价值函数用 $Q^*(s, a)$ 表示。

❑ 在 A.3 节和 A.4 节中，使用试验结果直接取均值估计 $\bar{q}(i, j, a)$ 的方法，称为蒙特卡罗方法。式 A-7 中用 $r(i', j') + q(i', j', a')$ 来近似替代 $\bar{q}(i, j, a)$ 的方法称为时间差分法，其中的 q 值更新方法本身称为 SARSA 方法。式 A-8 称之为 Q-Learning 方法。

▶ 推荐阅读

如果读者希望进一步理解强化学习相关知识，可以参考下面的资料。

- ❑ 上海交通大学多智能体强化学习教程（SJTU Multi-Agent Reinforcement Learning Tutorial，强化学习入门幻灯片）
- ❑ 强化学习知识大讲堂（内容广泛的中文强化学习专栏）
- ❑《深入浅出强化学习：原理入门》[①]（较为通俗易懂的中文强化学习入门教程）
- ❑《强化学习（第 2 版）》[②]（较为系统理论的经典强化学习教材）
- ❑ RLChina 强化学习夏令营（包含前沿内容的强化学习课程、课件及在线视频，微信公众号：RLCN）
- ❑ UCL Course on RL（经典的强化学习课程、课件及在线视频）
- ❑ UC Berkeley CS285: Deep Reinforcement Learning（出色的强化学习课程）

---

① 郭宪、方勇纯著，电子工业出版社 2018 年出版。

② 理查德·萨顿、安德鲁·巴图著，俞凯译，电子工业出版社 2019 年出版。

附录 B

使用 Docker 部署 TensorFlow 环境

Docker 是轻量级的容器环境，将程序放在虚拟的"容器"或者说"保护层"中运行，既能够避免配置各种库、依赖和环境变量的麻烦，又克服了虚拟机资源占用多、启动慢的缺点。使用 Docker 部署 TensorFlow 的步骤如下。

(1) 安装 Docker。在 Windows 系统下，下载官方网站的安装包进行安装即可。Linux 下建议使用官方的快速脚本进行安装，即在命令行输入：

```
wget -qO- https://get.docker.com/ | sh
```

如果当前的用户非 root 用户，可以执行 sudo usermod -aG docker your-user 命令将当前用户加入 docker 用户组。重新登录后即可直接运行 Docker。

在 Linux 下，通过以下命令启动 Docker 服务：

```
sudo service docker start
```

(2) 拉取 TensorFlow 映像。Docker 将应用程序及其依赖打包在映像文件中，通过映像文件生成容器。使用 docker image pull 命令拉取适合自己需求的 TensorFlow 映像，例如：

```
# 最新稳定版本 TensorFlow（Python 3.5, CPU 版）
docker image pull tensorflow/tensorflow:latest-py3
# 最新稳定版本 TensorFlow（Python 3.5, GPU 版）
docker image pull tensorflow/tensorflow:latest-gpu-py3
```

更多映像版本可参考 TensorFlow 官方文档。

小技巧

在国内，推荐使用 DaoCloud 的 Docker 映像镜像，将显著提高下载速度。

（3）基于拉取的映像文件，创建并启动 TensorFlow 容器。使用 docker container run 命令创建一个新的 TensorFlow 容器并启动。

CPU 版本的 TensorFlow：

```
docker container run -it tensorflow/tensorflow:latest-py3 bash
```

提示

docker container run 命令的部分选项如下。

❏ -it：让 Docker 运行的容器能够在终端进行交互。
  ▪ -i（--interactive）：允许与容器内的标准输入（STDIN）进行交互。
  ▪ -t（--tty）：在新容器中指定一个伪终端。
❏ --rm：容器中的进程运行完毕后自动删除容器。
❏ tensorflow/tensorflow:latest-py3：新容器基于的映像。如果本地不存在指定的映像，会自动从公有仓库下载。
❏ Bash：在容器中运行的命令（进程）。Bash 是大多数 Linux 系统的默认 shell。

GPU 版本的 TensorFlow：

若需要在 TensorFlow Docker 容器中开启 GPU 支持，需要具有一块 NVIDIA 显卡并已正确安装驱动程序（详见第 1 章）。同时需要安装 nvidia-docker，依照官方文档中的"快速开始"部分逐行输入命令即可。

警告

当前 nvidia-docker 仅支持 Linux。

安装完毕后，在 docker container run 命令中添加 --runtime=nvidia 选项，并基于具有 GPU 支持的 TensorFlow Docker 映像启动容器即可：

```
docker container run -it --runtime=nvidia tensorflow/tensorflow:latest-gpu-py3 bash
```

▶ Docker 常用命令

映像（image）相关操作：

```
docker image pull [image_name]    # 从仓库中拉取映像 [image_name] 到本机
docker image ls                   # 列出所有本地映像
docker image rm [image_name]      # 删除名为 [image_name] 的本地映像
```

容器（container）相关操作：

```
docker container run [image_name] [command]  # 基于 [image_name] 映像建立并启动容器，并运行
                                             # [command]
docker container ls                          # 列出本机正在运行的容器（加入 --all 参数列出所有
                                             # 容器，包括已停止运行的容器）
docker container rm [container_id]           # 删除 ID 为 [container_id] 的容器
```

Docker 入门教程可参考阮一峰老师的《Docker 入门教程》和 Docker Cheat Sheet。

附录 C

在云端使用 TensorFlow

C.1 在 Colab 中使用 TensorFlow

Google Colab 是谷歌的免费在线交互式 Python 运行环境，且提供 GPU 支持。有了它，机器学习开发者们无须在自己的计算机上安装环境，就能随时随地从云端访问和运行自己的机器学习代码。

首先我们进入 Colab，新建一个 Python 3 笔记本，界面如图 C-1 所示。

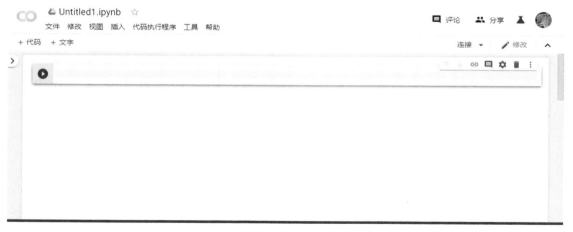

图 C-1 新建一个 Python 3 笔记本

如果需要使用 GPU，则点击菜单"代码执行程序"→"更改运行时类型"，在"硬件加速器"一项中选择"GPU"，如图 C-2 所示。

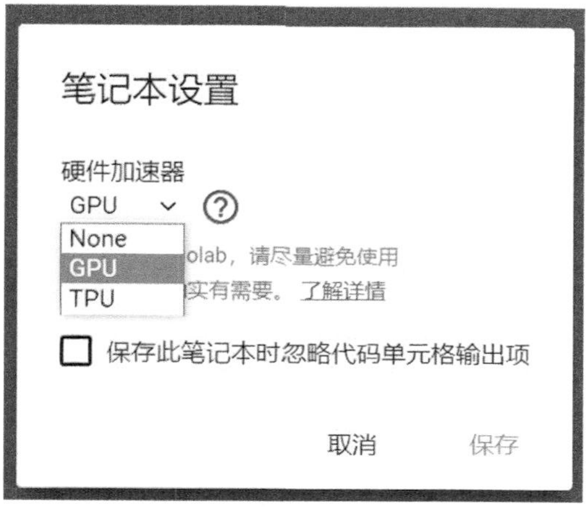

图 C-2　在"硬件加速器"一项中选择"GPU"

我们在主界面输入一行代码，例如 `import tensorflow as tf`，然后按下 Ctrl + Enter 键执行代码（如果直接按下 Enter 键表示换行，可以一次输入多行代码并运行）。此时 Colab 会自动连接到云端的运行环境，并将状态显示在右上角。

运行完成后，点击界面左上角的"+ 代码"会新增一个输入框，我们输入 `tf.__version__`，再次按下 Ctrl + Enter 键执行代码，以查看 Colab 默认的 TensorFlow 版本，执行情况如图 C-3 所示。

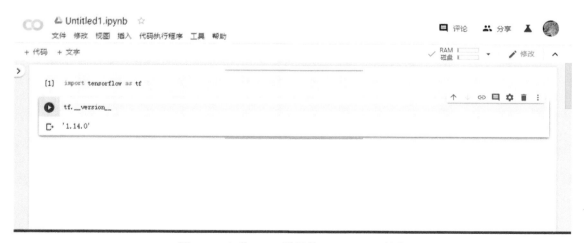

图 C-3　查看 Colab 默认的 TensorFlow 版本

小技巧

Colab 支持代码提示，可以在输入 `tf.` 后按下 Tab 键，会弹出代码提示的下拉菜单。

可见，截至本文写作时，Colab 中的 TensorFlow 默认版本是 1.14.0。在 Colab 中，可以使用 !pip install 或者 !apt-get install 来安装 Colab 中尚未安装的 Python 库或 Linux 软件包。比如在这里，我们希望使用 TensorFlow 2.0 beta1 版本，那么点击左上角的"+ 代码"并输入：

```
!pip install tensorflow-gpu==2.0.0-beta1
```

然后按下 Ctrl + Enter 键执行，运行结果如图 C-4 所示。

图 C-4 运行结果

可见，Colab 提示我们重启运行环境以使用新安装的 TensorFlow 版本。于是我们点击运行框最下方的 Restart Runtime（或者菜单"代码执行程序"→"重新启动代码执行程序"），然后再次导入 TensorFlow 并查看版本，结果如图 C-5 所示。

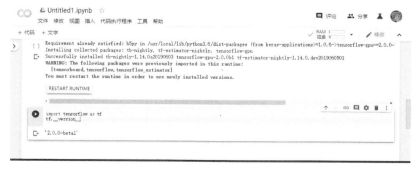

图 C-5 再次导入 TensorFlow 并查看版本

我们可以使用 `tf.test.is_gpu_available` 函数来查看当前环境的 GPU 是否可用，如图 C-6 所示。

图 C-6　查看当前环境的 GPU 是否可用

可见，我们成功在 Colab 中配置了 TensorFlow 2 环境并启用了 GPU 支持。你甚至可以通过 `!nvidia-smi` 查看当前的 GPU 信息，如图 C-7 所示，GPU 的型号为 Tesla T4。

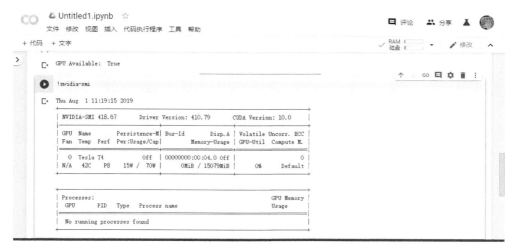

图 C-7　查看当前的 GPU 信息

C.2　在 GCP 中使用 TensorFlow

GCP（Google Cloud Platform）是谷歌的云计算服务。GCP 收费灵活，默认按时长计费。也就是说，你可以迅速建立一个带 GPU 的实例，训练一个模型，然后立即关闭（关机或删除实例）。GCP 只收取在实例开启时所产生的费用，关机时只收取磁盘存储的费用，删除后即不再继续收费。

我们可以通过两种方式在 GCP 中使用 TensorFlow：使用 Compute Engine 建立带 GPU 的实例，或使用 AI Platform 中的 Notebook 建立带 GPU 的在线 JupyterLab 环境。

C.2.1　在 Compute Engine 中建立带 GPU 的实例并部署 TensorFlow

GCP 的 Compute Engine 类似于 AWS、阿里云等，允许用户快速建立自己的虚拟机实例。在 Compute Engine 中，可以很方便地建立具有 GPU 的虚拟机实例，只需要进入 Compute Engine 的 VM 实例，并在创建实例的时候选择 GPU 类型和数量即可，如图 C-8 所示。

图 C-8　选择 GPU 类型和数量

需要注意以下两点。

(1) 只有特定区域的机房具有 GPU，且不同类型的 GPU 地区范围不同，可参考 GCP 官方文档并选择适合的地区建立实例。

(2) 在默认情况下，GCP 账号的 GPU 配额非常有限，你很可能需要在使用前申请提升自己账号在特定地区、特定型号的 GPU 配额，GCP 会有工作人员手动处理申请，并给你的邮箱发送邮件通知，大约需要数小时至两个工作日。

当建立好具有 GPU 的 GCP 虚拟机实例后，配置工作与在本地基本相同。系统中默认并没有 NVIDIA 显卡驱动，依然需要自己安装。

以下命令展示了在具有 Tesla K80 GPU、操作系统为 Ubuntu 18.04 LTS 的 GCP 虚拟机实例中，配置 NVIDIA 410 驱动、CUDA 10.0、cuDNN 7.6.0 及 TensorFlow 2.0 beta 环境的过程：

```
sudo apt-get install build-essential      # 安装编译环境
# 下载 NVIDIA 驱动
wget http://us.download.nvidia.com/tesla/410.104/NVIDIA-Linux-x86_64-410.104.run
sudo bash NVIDIA-Linux-x86_64-410.104.run   # 安装驱动（一直点击 Next）
# nvidia-smi   # 查看虚拟机中的 GPU 型号
wget https://repo.anaconda.com/miniconda/Miniconda3-latest-Linux-x86_64.sh   # 下载 Miniconda
bash Miniconda3-latest-Linux-x86_64.sh      # 安装 Miniconda（安装完需要重启终端）
conda create -n tf2.0-beta-gpu python=3.6
conda activate tf2.0-beta-gpu
conda install cudatoolkit=10.0
conda install cudnn=7.6.0
pip install tensorflow-gpu==2.0.0-beta1
```

输入 nvidia-smi 会显示：

```
~$ nvidia-smi
Fri Jul 12 10:30:37 2019
+-----------------------------------------------------------------------------+
| NVIDIA-SMI 410.104      Driver Version: 410.104      CUDA Version: 10.0      |
|-------------------------------+----------------------+----------------------+
| GPU  Name       Persistence-M| Bus-Id        Disp.A | Volatile Uncorr. ECC |
| Fan  Temp  Perf  Pwr:Usage/Cap|         Memory-Usage | GPU-Util  Compute M. |
|===============================+======================+======================|
|   0  Tesla K80          Off  | 00000000:00:04.0 Off |                    0 |
| N/A   63C    P0    88W / 149W |      0MiB / 11441MiB |    100%      Default |
+-------------------------------+----------------------+----------------------+

+-----------------------------------------------------------------------------+
| Processes:                                                       GPU Memory |
|  GPU       PID   Type   Process name                             Usage      |
|=============================================================================|
|  No running processes found                                                 |
+-----------------------------------------------------------------------------+
```

C.2.2　使用 AI Platform 中的笔记本建立带 GPU 的在线 JupyterLab 环境

如果你不希望进行繁杂的配置，想要迅速获得一个开箱即用的在线交互式 Python 环境，可以使用 GCP 的 AI Platform 中的笔记本。笔记本预安装了 JupyterLab，可以理解为 Colab 的付费升级版，具备更多功能且限制较少。

进入笔记本页面，点击"新建实例"→"TensorFlow 2.0-With 1 NVIDIA Tesla K80"，界面如图 C-9 所示。

图 C-9　新建笔记本实例

也可以点击"自定义"来进一步配置实例，例如选择区域、GPU 类型和个数，与创建 Compute Engine 实例类似。

提示

和 Compute Engine 实例一样，你很可能需要在这里选择适合的区域，以及申请提升自己账号在特定地区的特定型号 GPU 的配额。

建立完成后，点击"打开 JUPYTERLAB"即可进入如图 C-10 所示的界面。

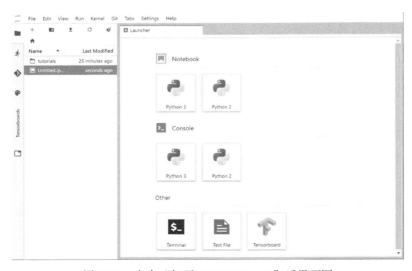

图 C-10　点击"打开 JUPYTERLAB"后界面图

建立一个 Python 3 笔记本，测试 TensorFlow 环境，如图 C-11 所示。

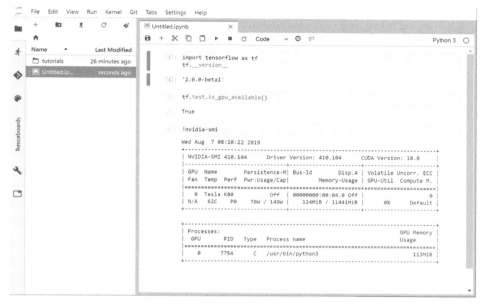

图 C-11　建立 Python 3 笔记本

我们还可以点击左上角的"+"号新建一个终端，如图 C-12 所示。

图 C-12　新建一个终端

C.2.3   在阿里云上使用 GPU 实例运行 TensorFlow

国内也有部分云服务商（如阿里云和腾讯云）提供了 GPU 实例，且可按量计费。至撰写本书时，具备单个 GPU 的实例价格在每小时数元（Tesla P4）至每小时二十多元（Tesla V100）不等。下面我们简要介绍在阿里云使用 GPU 实例。

> **提示**
>
> 不同地区、配置和付费方式，实例的价格也是多样化的，请根据需要合理选择。如果是临时需要的计算任务，可以考虑按量付费以及使用抢占式 VPS，以节约资金。

访问阿里云购买页面，点击"购买"后界面如图 C-13 所示。

图 C-13   点击"购买"

此处，我们选择一个带有 Tesla P4 计算卡的实例。在系统镜像中，阿里云提供多种选择，可以根据需要选择合适的镜像，如图 C-14 所示。

图 C-14   根据需要选择合适的镜像

如果选择"公共镜像"，可以根据提示选择自动安装 GPU 驱动，避免后续安装驱动的麻烦。

在"镜像市场"中，官方也提供了适合深度学习的定制镜像，如图 C-15 所示。

图 C-15　"镜像市场"界面

在本示例中，我们选择预装了 NVIDIA RAPIDS 的 Ubuntu 16.04 镜像。

然后，通过 ssh 连接上我们选购的服务器，并使用 `nvidia-smi` 查看 GPU 信息：

```
(rapids) root@iZ8vb2567465uc1ty3f4ovZ:~# nvidia-smi
Sun Aug 11 23:53:52 2019
+-----------------------------------------------------------------------------+
| NVIDIA-SMI 418.67       Driver Version: 418.67       CUDA Version: 10.1      |
|-------------------------------+----------------------+----------------------+
| GPU  Name        Persistence-M| Bus-Id        Disp.A | Volatile Uncorr. ECC |
| Fan  Temp  Perf  Pwr:Usage/Cap|         Memory-Usage | GPU-Util  Compute M. |
|===============================+======================+======================|
|   0  Tesla P4            On   | 00000000:00:07.0 Off |                    0 |
| N/A   29C    P8     6W /  75W |      0MiB /  7611MiB |      0%      Default |
+-------------------------------+----------------------+----------------------+

+-----------------------------------------------------------------------------+
| Processes:                                                       GPU Memory |
|  GPU       PID   Type   Process name                             Usage      |
|=============================================================================|
|  No running processes found                                                 |
+-----------------------------------------------------------------------------+
```

确认驱动无误之后，其他操作就可以照常执行了。

提示

阿里云这类国内的云服务提供商一般对于 VPS 的端口进行了安全策略限制，请关注所使用的端口是否在安全策略的放行列表中，以免影响 TensorFlow Serving 和 Tensorboard 的使用。

部署自己的交互式 Python 开发环境 JupyterLab

如果你既希望获得本地或云端强大的计算能力，又希望获得 Jupyter Notebook 或 Colab 中方便的在线 Python 交互式运行环境，那么可以为自己的本地服务器或云服务器安装 JupyterLab。JupyterLab 可以理解为升级版的 Jupyter Notebook 或 Colab，提供多标签页支持，拥有在线终端、文件管理等一系列方便的功能，接近于一个在线的 Python IDE。

小技巧

部分云服务提供了开箱即用的 JupyterLab 环境，例如 C.2.2 节介绍的 GCP 中 AI Platform 的 Notebook，以及 FloydHub。

在部署好 Python 环境后，先使用以下命令安装 JupyterLab：

```
pip install jupyterlab
```

然后使用以下命令运行 JupyterLab：

```
jupyter lab --ip=0.0.0.0
```

接着根据输出的提示，使用浏览器访问 http:// 服务器地址 :8888，并使用输出中提供的令牌（token）直接登录（或设置密码后登录）。JupyterLab 的界面如图 D-1 所示。

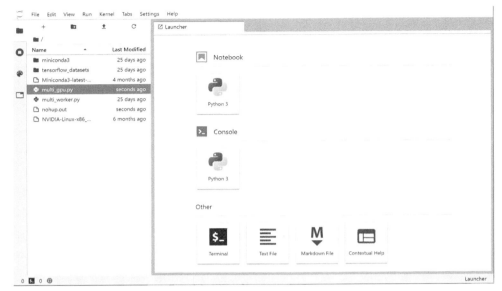

图 D-1　JupyterLab 的界面

提示

可以使用 --port 参数指定端口号。

部分云服务（如 GCP）的实例默认不开放大多数网络端口。如果使用默认端口号，需要在防火墙设置中打开端口（例如 GCP 需要在"虚拟机实例详情"→"网络接口"→"查看详情"中新建防火墙规则，开放对应端口并应用到当前实例）。

如果需要在终端退出后仍然持续运行 JupyterLab，可以使用 nohup 命令及 & 将其放入后台运行，即：

```
nohup jupyter lab --ip=0.0.0.0 &
```

程序的输出可以在当前目录下的 nohup.txt 中找到。

为了在 JupyterLab 的 Notebook 中使用自己的 conda 环境，需要使用以下命令：

```
conda activate 环境名（如 C.2 节建立的 tf2.0-beta-gpu）
conda install ipykernel
ipython kernel install --name 环境名 --user
```

然后重新启动 JupyterLab，即可在 Kernel 选项和启动器建立 Notebook 的选项中找到自己的 conda 环境，如图 D-2 和图 D-3 所示。

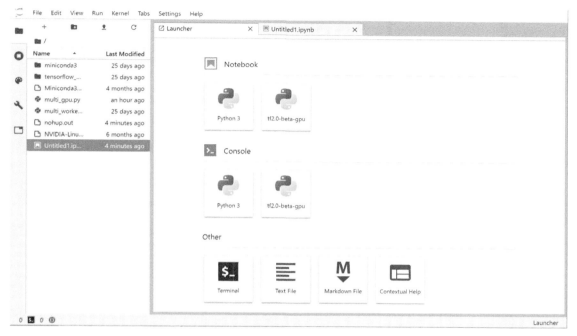

图 D-2 Notebook 中新增了 "tf2.0-beta-gpu" 选项

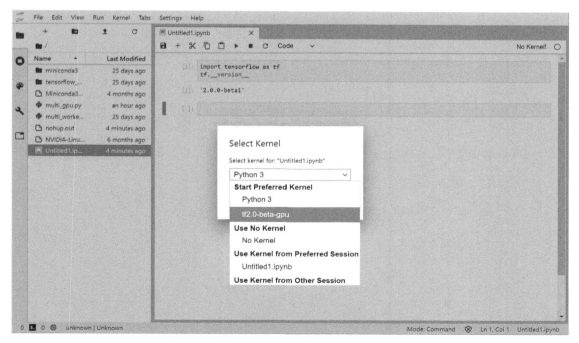

图 D-3 可以在 Kernel 中选择 "tf2.0-beta-gpu"

参考资料与推荐阅读

本书是一本 TensorFlow 技术手册，并不包含太多关于机器学习或深度学习的理论知识。然而，一份好的机器学习入门资料仍然对理解 TensorFlow 技术至关重要。对于希望入门机器学习或深度学习原理的读者，我（具有个人主观色彩和局限性）在这里给出以下阅读建议。

如果你是一名在校大学生或研究生，具有较好的数学基础，可以使用以下教材开始学习机器学习和深度学习：

❑《统计学习方法》[①]
❑《机器学习》[②]
❑《神经网络与深度学习》[③]

如果你希望阅读更具实践性的内容，推荐以下参考书：

❑《机器学习实战：基于 Scikit-Learn 和 TensorFlow》[④]
❑《TensorFlow：实战 Google 深度学习框架（第 2 版）》[⑤]
❑《动手学深度学习》[⑥]

如果你对大学的知识已经生疏，或者还是高中生，推荐首先阅读以下教材：

❑《人工智能基础（高中版）》[⑦]

对于贝叶斯的视角，推荐以下入门书：

❑《贝叶斯方法：概率编程与贝叶斯推断》[⑧]

① 李航著，清华大学出版社 2012 年出版。
② 周志华著，清华大学出版社 2016 年出版。
③ 邱锡鹏著，机械工业出版社 2020 年出版。
④ 奥雷利安·杰龙著，王静源、贾玮、边蕤、邱俊涛译，机械工业出版社 2018 年出版。
⑤ 郑泽宇、梁博文、顾思宇著，电子工业出版社 2018 年出版。
⑥ 阿斯顿·张、李沐、扎卡里·C.立顿等著，人民邮电出版社 2019 年出版。
⑦ 汤晓鸥、陈玉琨著，华东师范大学出版社 2018 年出版。
⑧ 卡梅隆·戴维森－皮隆著，辛愿、钟黎、欧阳婷译，人民邮电出版社 2016 年出版。

如果你喜欢相对生动的视频讲解，可以参考以下公开课程：

❑ "台湾大学" 李宏毅教授的《机器学习》课程；
❑ 谷歌的《机器学习速成课程》(内容已全部汉化，注重实践)；
❑ Andrew Ng 的《机器学习》课程 (较偏理论，英文含字幕)。

相对地，一本不够合适的教材则可能会毁掉初学者的热情。对于缺乏基础的初学者，不推荐以下参考书：

❑《深度学习》[①]，又名 "花书"（源于封面），英文版目前已经在线开放阅读，这是一本深度学习领域的全面专著，但更像是一本工具书；
❑ *Pattern Recognition and Machine Learning*[②]，又名 PRML，目前已开放免费下载，该书以贝叶斯的视角为主，难度不适合缺乏数学基础的入门者。

重要

　　不推荐以上参考书并不是说这些作品不够优秀！事实上，正是因为它们太优秀，影响力太大，才不得不在此特意提醒一下，这些书可能并不适合绝大多数初学者。就像应该很少有学校用《计算机程序设计艺术》[③](*The Art of Computer Programming*) 作为计算机的入门教材一样。对于已经入门或者有志于深层次研究的学者，当可从这些书中受益匪浅。

---

① 伊恩·古德费洛、约书亚·本吉奥、亚伦·库维尔著，赵申剑、黎彧君、符天凡、李凯译，人民邮电出版社 2017 年出版。
② Christopher M. Bishop 著，施普林格出版社（Springer）2006 年出版。
③ 简称 TAOCP，被不少人誉为 "计算机科学的圣经"，但阅读难度较高，真正完整读过的人并不多。

术语中英对照

- 变量，Variable
- 操作，Operation
- 操作节点，OpNode
- 层，Layer
- 导数（梯度），Gradient
- 多层感知机，Multilayer Perceptron（MLP）
- 即时执行模式，Eager Execution
- 计算图（数据流图），Dataflow Graph
- 检查点，Checkpoint
- 监视，Watch
- 卷积神经网络，Convolutional Neural Network（CNN）
- 列表，List
- 令牌，Token
- 命名空间，Namespace
- 批次，Batch
- 评估指标，Metrics

- 强化学习，Reinforcement Learning（RL）
- 容器，Container
- 上下文，Context
- 上下文管理器，Context Manager
- 深度强化学习，Deep Reinforcement Learning（DRL）
- 损失函数，Loss Function
- 梯度带，GradientTape
- 图执行模式，Graph Execution
- 推断，Inference
- 形状，Shape
- 循环神经网络，Recurrent Neural Network（RNN）
- 优化器，Optimizer
- 张量，Tensor
- 字典，Dictionary（Dict）